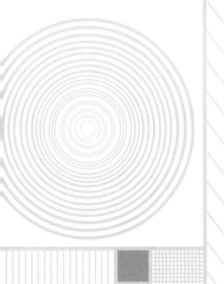

U0377407

平面设计师之路
版式设计原理与实例指导

张建生（海空设计）—————— 编著

人民邮电出版社
北京

图书在版编目（CIP）数据

平面设计师之路：版式设计原理与实例指导 / 张建生编著. -- 北京：人民邮电出版社，2022.7
ISBN 978-7-115-58823-4

Ⅰ. ①平… Ⅱ. ①张… Ⅲ. ①版式－设计 Ⅳ.①TS881

中国版本图书馆CIP数据核字(2022)第043586号

内 容 提 要

这是一本系统讲解版式设计的教程。全书共 7 章，第 1 章讲解版式设计的基本要素，第 2 章讲解版式设计的构图原则，第 3～7 章分别讲解网格、文字、图片、色彩和信息视觉化设计在版式设计中的应用。书中列举了大量案例，并采用案例效果对比的方式进行讲解，读者可以轻松理解版式设计的难点，做出好看的设计。希望读者通过对本书的学习，能够更好地掌握版式设计技巧，提升版式设计技能。

本书适合平面设计领域的从业者和爱好者阅读。

◆ 编　　著　张建生（海空设计）
　　责任编辑　张玉兰
　　责任印制　马振武

◆ 人民邮电出版社出版发行　　北京市丰台区成寿寺路 11 号
　　邮编　100164　电子邮件　315@ptpress.com.cn
　　网址　https://www.ptpress.com.cn
　　天津图文方嘉印刷有限公司印刷

◆ 开本：690×970　1/16
　　印张：16　　　　　　　　　　2022 年 7 月第 1 版
　　字数：439 千字　　　　　　　2022 年 7 月天津第 1 次印刷

定价：99.80 元

读者服务热线：(010)81055410　印装质量热线：(010)81055316
反盗版热线：(010)81055315
广告经营许可证：京东市监广登字 20170147 号

PREFACE / 前言

20年前，我在朋友的帮助下成立了一家属于自己且专注于平面版式设计的公司——海空设计。自此，多年从事平面设计的我身上又增加了一个特殊的标签——企业责任人。那时，网络还没有现在这么发达，我学习参考的资料大多是价格不菲的设计类画册（当时我将大部分收入都用在了图书上）。每当翻阅这些书时，我都会被其中版式设计的新颖形式深深吸引，常常边吃饭边欣赏，汲取版式设计的点滴养分。王序先生的《设计交流》对我帮助极大，至今仍被我放在书架上显眼的位置，随手可以取下，常看常新。

以前由于没有认真钻研所学专业的版式设计课程，我对于版式设计的理解较片面，认为版式设计只不过是文字排版；设计时往往凭感觉选择色彩，不注重版面元素的协调性。我当时的作品连自己都不认可，自然无法让别人认可。痛定思痛，我逐渐养成了平时注意观察和收集各种优质版式设计资料（如企业宣传册、地铁车厢海报和商场促销海报等）的习惯，对有魅力、流行的版式设计进行分析，从中寻找规律，通过一点一滴的学习和积累，逐渐掌握了版式设计的基本原则和变化规律。在实际工作中，这些切身的认知让我提升了工作效率，减少了改稿的频次，赢得了客户的肯定，我也越来越自信。

本书从版式设计的基础知识和商业实战的角度出发，首先阐述了版式设计的基本要素和构图原则，然后分别讲解网格、文字、图片、色彩、信息视觉化设计在版式设计中的应用，并采用案例效果对比的方式展开分析，使读者能更加直观地理解进行版式设计时遇到的问题，思考如何使版面呈现出更好的视觉效果。

我是从2020年年初开始编写本书的，由于工作占据了大部分时间，我只能利用空闲时间写稿，故用时较久。感谢编辑老师的精心指导和耐心等待！由于编写工作占据了我大量的业余时间，家务重担就落到了家人身上，感谢爱人和儿子一路的支持！如果本书能够给读者带来一些帮助，我将备感欣慰。

张建生

2021年10月

ART DESIGN COURSE SHARING / 艺术设计教程分享

本书由"数艺设"出品，"数艺设"社区平台（www.shuyishe.com）为您提供后续服务。

资源获取请扫码

"数艺设"社区平台，为艺术设计从业者提供专业的教育产品。

与我们联系

我们的联系邮箱是 szys@ptpress.com.cn。如果您对本书有任何疑问或建议，请您发邮件给我们，并请在邮件标题中注明本书书名及ISBN，以便我们更高效地做出反馈。

如果您有兴趣出版图书、录制教学课程，或者参与技术审校等工作，可以发邮件给我们。如果学校、培训机构或企业想批量购买本书或"数艺设"出版的其他图书，也可以发邮件联系我们。

如果您在网上发现针对"数艺设"出品图书的各种形式的盗版行为，包括对图书全部或部分内容的非授权传播，请您将怀疑有侵权行为的链接通过邮件发给我们。您的这一举动是对作者权益的保护，也是我们持续为您提供有价值的内容的动力之源。

关于"数艺设"

人民邮电出版社有限公司旗下品牌"数艺设"，专注于专业艺术设计类图书出版，为艺术设计从业者提供专业的图书、视频电子书、课程等教育产品。出版领域涉及平面、三维、影视、摄影与后期等数字艺术门类，字体设计、品牌设计、色彩设计等设计理论与应用门类，UI设计、电商设计、新媒体设计、游戏设计、交互设计、原型设计等互联网设计门类，环艺设计手绘、插画设计手绘、工业设计手绘等设计手绘门类。更多服务请访问"数艺设"社区平台www.shuyishe.com。我们将提供及时、准确、专业的学习服务。

CONTENTS / **目录**

01

第1章

**版式设计的
基本要素**

1.1 | 实用要素

随着社会的进步，人们的审美观念在不断改变，人们对设计的要求越来越高。这就要求设计师不断更新设计理念，优化设计思路，不断尝试新的视觉表现手法。想让版面更美观，需要实用的表现载体，也就是版式设计表达的信息内容要实用。本节将从版式设计的实用要素讲起。

1.1.1 版式设计的构成元素

构成版式设计的元素有点、线、面。点又分为方点和圆点，线又分为直线和曲线，面又分为规则形和不规则形。无论版式设计是否简洁，所有版面上需要传递给读者的信息都会被形象地归结为点、线、面。这些信息以点、线、面的形式向读者展示其精神或理念，给读者留下印象。

◎ **点**

点的视觉效果取决于其他元素的比例大小。点不是一个固定的形状，所有微小的形状、文字等都可以用点来概括，都可以视为点。

点在版式设计中时刻存在着，并具有协调版面的作用。不同大小、不同数量的点能够使版面灵活多变，让版式设计精彩纷呈。

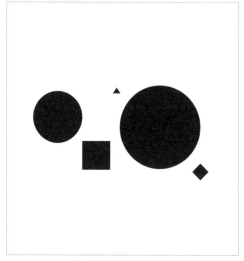

不同形状、大小的点

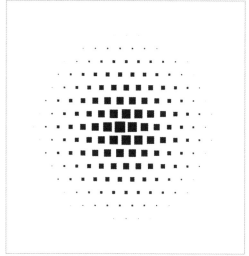

由外向内逐渐变大的点构成的面

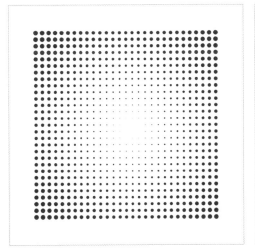

由外向内逐渐变小的点构成的面

无规律的点构成的面

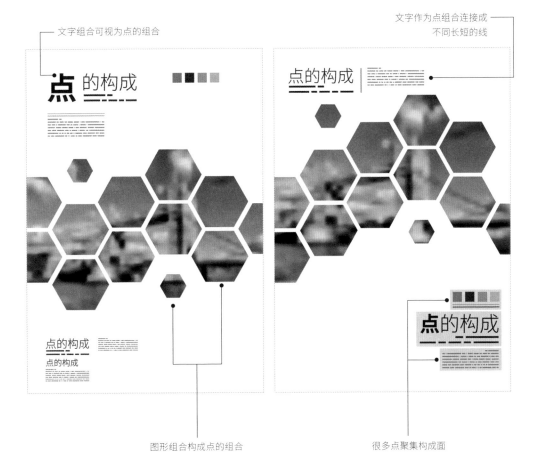

文字组合可视为点的组合

文字作为点组合连接成
不同长短的线

图形组合构成点的组合

很多点聚集构成面

» 下图中五彩缤纷的点通过聚集和分散排列，形成一个面，给人更大的想象空间。

» 下图中大小不一的点根据一定的规律进行排列，从大到小，直到消失，使版面产生虚实变化，更具空间感。

» 下图中文字以点的形式围绕同心圆排列，形成长短不一的曲线，整体形成了一个有意思的图形。

» 下图中错落有致的点整体呈倾斜对称结构，具有强烈的节奏感，打破了视觉中心点构图的单调性。

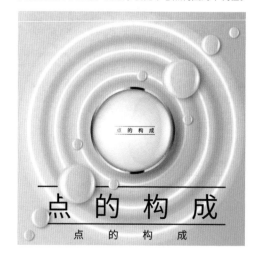

◎ 线

　　线是指一个点任意移动所构成的图形。在版式设计中，线的呈现方式多种多样，有直线、曲线、虚线、实线等。

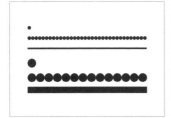

点运动形成线

稳定、拓展的直线

运动的、有速度感的斜线

自然、柔美的曲线

具有指向性和空间感的折线

　　» 下图中粗细各异的线组成了不同的几何造型，充满力量感，带给读者无尽的遐想。

　　» 下图中的面条进行了夸张处理，并与叉子相结合，呈现出趣味十足的视觉效果。

线具有视觉方向性，可起到引导、分割等作用。线能使各个元素之间产生一定的联系，并确定空间元素的主次关系。此外，线还可引导观者视线，使之沿线移动，进而使版面具有良好的阅读秩序。还可通过线明确版面设计区域，协调各元素，得到和谐统一的整体效果。

» 下图中将元素的某一部分进行加工，塑造与之相关联的字母曲线，主题感强，充满创意。

» 下图中的几何折线明确对版面进行了分割，有效定位了阅读内容区域，且使版面更具动感。

» 下图中飘逸的曲线使版面看起来更柔和，增强了阅读的舒适度。

» 下图中充满动感的斜线增强了版面的动感。倾斜的线条有力地分割版面，这样更能引起读者的注意。

» 下图中几何线条的相互叠加让版面产生了层次感，打破了版面的规整性。

» 下图中引导视线的斜线为版面增加了动感，视觉中心随之形成。

Tips

线的形状不同会呈现出不同的视觉效果。直线组合具有硬朗、张力十足的特点，曲线组合能带来像音乐一样的节奏感。

◎ 面

面是版式设计中的重要元素，是多个点的集合，也是多条线密集移动交织后的表现形态。面相较于点、线更显眼，由面构成的图形更具视觉冲击力。在版式设计中，面不仅能作为稳定版面信息的背景，还能作为表现主要信息的视觉主体。

» 聚集的点可以构成面，如下图所示。

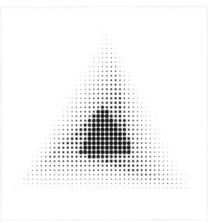

» 下面这几张图展示的是不同几何形状的面。

» 在下面两张图中，几何形状的面占据版面的大部分，与文字构成的面相结合，形成一种多变的版面效果。

» 下图中多种色彩的面拼接成错落有致的面，并在版面中占据重要位置，成为视觉主体。

» 下面两张图由分隔的图片和大面积的色块构成，分别构成了前景面和背景面。

面在版面上占据主要位置，具有一定的空间感。版面中的一个色块、一片留白、一段文字，甚至一个字都可以理解为一个面。

» 下面两张图中倾斜分割的面使版面产生了更多变化，赋予版面独特的性格，并给人动感、立体感和想象的空间。

Tips

面的形状以几何形状较为常见，几何形状的"面"形态规律、应用方便，如矩形、圆形等，并且在版面上排列有序，极具整体感，可以带给读者平稳的视觉感受。

1.1.2 版式设计的目的

每天我们都会在各种媒介上看到很多版式设计作品，当看到高水平的版式设计时，我们会不自觉地被吸引，版面上的信息得以有效传递。而低水平的版式设计不能引发我们关注的兴趣，信息也就失去了价值。所以版式设计的主要目的就是实现信息的有效传递。

» 下面两个版面中的图片和文字分别置于左右两侧，各自独立。版面中的文字与图片在视觉上达到平衡，且文字较明显，能吸引读者的注意。

» 下面两个版面中的文字和图片相互穿插，加上适当的留白，为读者提供了舒适的视觉空间。

为了达到信息有效传递这一目的，设计师不仅要充分解读信息，理解其精髓，还要提升版式设计水平。设计师需要明确信息传递的目的，理解信息阐述的意图，分析信息逻辑关系，深入了解、研究读者的年龄、心理，进而有针对性地根据文字的表述性质和表述顺序进行版式设计。

版式设计的目的还在于准确、流畅、形象、鲜明地传递信息。信息不但要传递，而且要传递得精准。版式设计只有做到准确、流畅，才能方便读者阅读；版面混乱会导致读者阅读困难，甚至会导致读者放弃阅读，造成信息传递的中断，所以版式设计需要让读者清晰地看到版面在表达什么。

» 对于文字较多的版面，首先需要理清信息的顺序，其次要有设计感，这样读者才能有效获取信息，如下图所示。

» 下面两个版面的版式元素以图片为主，文字信息分布在读者能最先观察到的位置。

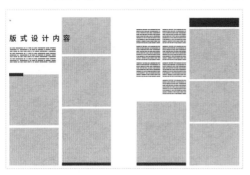

Tips

信息传递的最终目的是解决人们的某些问题、满足人们的某种需求。版式设计就是将信息以美的形式有秩序地传达给读者。

1.1.3 版式设计的特性

精彩的版式设计对信息而言犹如锦上添花，多元的信息又为版式设计提供了展示的舞台。现代版式设计与其传递的主题内容相互依存。评判版式设计好坏的标准不是单一的好不好看，而是版面能否有效地传递信息，读者在阅读时是否能与版式设计产生共鸣。

◎ 内涵性与独特性

优质的版式设计必须明确信息的传播目的，设计师应深入了解、观察、研究相关信息，使主题信息具有一定的内涵。版式设计要服务于内容，体现内容的主题思想，吸引读者的注意。只有使信息的内涵符合读者的品位，激发读者的阅读欲望，版式设计才能达到应有的信息传播目的。

» 右图是跨页式的版面。作为视觉主体的草皮与交叉的白线和文字产生了联系，读者看后会对版面内容产生联想。

» 下图中虽然没有具体的形象，但是图中有象征意义的红色跑道能引发关于竞技运动的想象。

　　独特性是指版式设计要彰显版面的个性。在版式设计过程中，设计师不应局限于个人风格，而要结合设计元素和主题内涵进行设计。鲜明的个性是版式设计的灵魂。样式雷同、缺少差异的版式设计多是单一的模板，这种版式设计的记忆度很低，更谈不上独特性。

» 下图中元素的冷暖对比和手绘图形的穿插，形成了独特多变的层次和空间感。版面中的留白虽多，但整体的视觉效果给人留下了深刻的印象。

» 下图中独特的手绘图形与线性几何图形交织，产生前后的空间关系。图形有从上至下的指向性，可以使读者的视线自然地停留在文字信息上。

◎ 形式美与实用性

进行版式设计时，选择具有感染力的视觉语言非常重要。明确设计风格后，设计元素在版面上的布局成为版式设计形式美的外在表现。要使版面别具一格又符合视觉审美要求，并且兼具阅读舒适度，就要求设计师具备较高的文化素养和设计水平。

» 下图中点聚集构成乐器的部分形状，版面传递出一种有意义的形式美，识别度较高。

» 下图中同类图形在版面上的不同布局呈现出一种强烈的视觉冲击力，能给人留下深刻的印象。

» 下图将版面有规律地划分为若干网格，并在网格内放置图片或文字，这样既起到了装饰的作用，又能有效传递信息。

» 下面两个版面中运用了点、线、面的设计元素，图文对应，版面布局协调合理，信息传递直接有效，简洁又实用。

1.2 | 视觉要素

　　版面设计是由文字、图形、色彩等通过点、线、面、体的形式组合排列构成的，包括文字形态、图形样式和色调统一3个方面。

1.2.1 文字形态

　　在版式设计过程中，文字作为信息主体，其视觉形式能够传递出极具内涵的情感，诠释所要表达的主题。字体的粗细、独有的字形结构和文字编排的韵律等都是文字形态的外在表现。文字的形态犹如音乐，时而静止，时而跳跃，时而舒缓，时而强烈，可以以不同的视觉风格营造多姿多彩的版面效果。

　　» 右图以整幅图片为底，文字置于空白处，呼应主体元素。文字结合几何装饰线和面来设计，使版面更有趣。

» 下图中绚丽的色彩、装饰性强的字母组合，犹如积木玩具，充满童趣，使人的视线不由自主地停留在版面上。

» 下图中大大的字母作为版面的视觉主体，不仅突出了主题，还稳定了版面，其他元素围绕在周围，紧扣主题。

» 下图中文字跟随图片错位排列，视线随文字移动，看到字的同时也看到了图。这种打破正常排列顺序的版面，让文字呈现出了不同的形态。

Tips

不同字体的文字形态不同。版面中主要的文字形态定义着版式的风格，影响着版面的整体视觉效果。

1.2.2 图形样式

　　如果图形的视觉表现力强、引人入胜，读者的记忆会更加深刻。图形是传递信息的重要表现方式，包括图片和形状等。图形是引导读者了解作品内容的重要视觉工具。

　　» 下图中不规则的图形在弧形边线内，样式独特，与文字和其他元素达到平衡，能给人留下深刻的印象。

　　» 下图中大小不一的圆形将信息固定在读者最先注意的位置。这种图形错落排列的方式，不仅能丰富版面，还能缓解视觉疲劳。

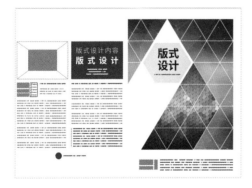

　　» 下图中的斜线将图片分割为多个相同的三角形，然后根据需要重新划分几何图形，组成多种图形样式。

　　» 下图中的黑白图片背景让版面显得较沉闷，但右下角的图形又为版面增添了一丝动感。醒目的标题让读者忍不住继续阅读具体内容。

Tips

　　图形样式要耐人寻味，这样才能使读者眼前一亮，从而实现有效传递信息的目标。

1.2.3 色调统一

色彩在版式设计中散发着无穷的魅力,展现着多姿多彩的"性格",并影响着读者的情绪。色调的统一指版面中色彩的色相、明度和纯度的统一。在某种程度上,色彩比文字和图形的视觉感更强,是读者第一眼看到的东西。

» 下面两张图的色调不同,带给人的心理感受也不同。暖色调带给人温暖的感受,冷色调带给人清新的感受。

» 下面两张图中,明亮的色彩会使人的情绪得到释放,较暗沉的色彩会给人留下想象的空间。

1.3 空间要素

版式设计虽然是二维设计,但是运用留白手法,依然可以营造出三维效果。如果将版面视为建筑的室内空间,那么设计师就像物品陈列师,将杂乱无章的物品井然有序地安排到相应的位置。

1.3.1 引导阅读的方向

人的视觉习惯是由视觉生理特性决定的,眼睛在一瞬间只能关注一个焦点,不能同时把视线停留在两处或两处以上的地方。杂乱的内容、无意识的编排会使读者不知从何读起。在进行版式设计时,要使设计元素在视觉上形成一条自然流动的阅读路径,让读者明确先看什么,后看什么。

>> 下图中图文的编排充盈，有一定的规律性，读者可以自然地按照先横向再纵向的顺序阅读。

>> 下图利用数字和线条等元素构成了有一定方向感的造型，阅读时视线随之在版面上移动。

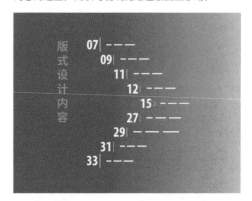

>> 下图将图片塑造成箭头的形状，并指向对应的文字，视线也就自然地由图片移到文字上了。

>> 下图中文字依据图形的走势采用了绕排的方式，同时指引着阅读的方向。这样整体的文字块形成了几何形状，编排的多样性让版面看起来新颖别致。

1.3.2 营造版面空间

版面空间主要依靠设计元素的形和面来支撑，在形和面的相互作用下营造出兼具广度和深度的层次和空间感。

» 下图中运用了三维设计理念，对元素进行质感化处理，起伏的立体效果有效地烘托了产品。

具有广度的版面空间需要设定最引人注目的视觉中心，并将其作为编排重要信息的位置。这个视觉中心周边的设计元素需逐渐减少、弱化。

» 下图中的每一组信息都在合理的位置，主次分明、层次明确，最大化地利用了版面空间。

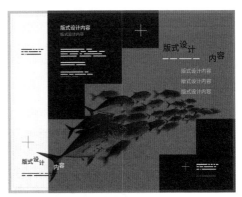

具有深度的版面空间有三维立体感，可以采用面积对比的方法来设计，例如将主要元素放大，将次要元素缩小。这样不仅在主次、强弱上有了明显区分，还活跃了版面，增添了韵律感。此外，还可以采用色彩对比的方法来设计，让暖色居前，冷色退后，使主要元素的色彩饱和度提高，次要元素的色彩饱和度降低。

» 下图运用了虚实变化和色彩渐变的处理手法，让整个版面产生朦胧的感觉，色彩过渡自然，不生硬，使版面有了一定的空间感。

» 下图中的线与面使有限的版面产生了纵深感，不同角度的图形相互交织，产生了空间感。

1.4 | 理念要素

版式设计的过程属于个性化的思维过程，是表达个人风格与艺术审美的过程。高水平的版式设计，需要有好的设计理念和设计思维作为支撑。

1.4.1 版式设计的情感表达理念

版式设计绝不是简单的图形和文字编排设计，而要让读者在看似单一的版面中体会到更深层的意义。

» 下图中朦胧的车灯和虚化的背景让版面有了更深层的含义，能使读者产生情感共鸣。

» 下图所示的富有创意的产品海报动感十足，能引发运动爱好者的消费欲望。

» 下图中怀旧的色彩和具有时代感的人物形象可以在一定程度上拉近与偏爱复古风格的人群的距离，使其产生情感共鸣。

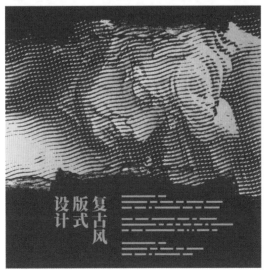

Tips

版式设计不仅有界定图文、吸引视线的作用，还能给读者传递一种精神和情感，搭建起一座与读者进行情感交流的桥梁。

1.4.2 版式设计的极简理念

极简理念是现代版式设计的趋势。版式设计中的极简，是指用尽量少的元素表达最直接和最全面的信息，在留白中创造想象空间。极简的版式设计可以增强版面的空间感，更好地表明信息主旨。极简的版式设计不是无意义地为了少而少，而是摒弃不必要的元素，用最简洁的方式进行设计。

极简理念充分印证了"少即是多"的观念的正确性。极简的版式设计的表现形式在无形中延展了版式设计的维度，使一部分人放弃对多颜色应用的迷恋，越来越喜欢进行最低限度的设计添加，例如苹果公司的标志由原来的六色标志变成现在的单色标志。

| 1977年—1997年 | 1998年 | 1999年—2000年 | 2001年—2007年 | 2008年—2013年 | 2013年至今 |

极简逐渐成为一种高品质设计风格。这种设计风格可以精练地传达信息，让读者静下心来，在翻阅的过程中慢慢体会。

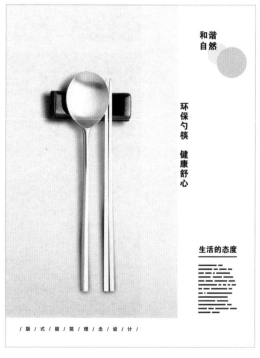

第2章

版式设计的
构图原则

2.1 | 如何突出
视觉焦点

在版面中营造一个视觉聚焦区域，将读者的目光吸引到这个区域，最先被读者注意到的区域就是视觉焦点。为了确保版面中的视觉焦点能给人留下深刻的印象，设计师在设计过程中就需要运用各种设计方法来强调这个视觉焦点。

» 版面上最先被读者注意到的位置称为视觉焦点，下图中的英文区域就是视觉焦点。

» 读者的目光应随着空间透视关系的延伸，停留在视觉焦点的位置，如下图中的人物和小狗处，然后读者通过近景中的大面积留白，对视觉焦点产生阅读联想，从而加深阅读记忆。

Tips

利用视觉焦点可以增加版面的重量感，当设计元素在视觉上具有"重量"时，其在版面中就会较醒目。

2.1.1 放大图片或文字

　　读者观看版面时，会首先注意到较大的图片或文字。设计师在设计时可将图片或文字适度放大，强调主要元素与辅助元素之间的对比关系。同时，还可以对图片或文字进行设计，使其更加与众不同。

　　» 下图中设计师对字母进行艺术化处理，使其延伸到了版面外，字母因此成为版面中醒目的视觉焦点，再与图形进行戏剧性结合，趣味感十足。

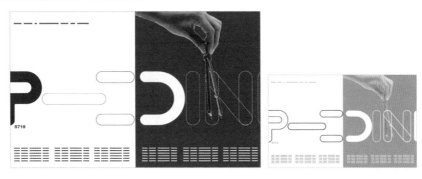

　　» 下图中放大后的英文单词占据整个版面的2/3，加上字形的设计感，使其成为版面的视觉焦点。

　　» 下图将图片作为背景，让整个版面充满故事性。通过图形的强调，视觉焦点更加明显。

调整之前　　　　　　　　　　　　　　　　　调整之后

Tips

　　图片或文字作为版面的主体时，可将其放大并置于版面的醒目位置，其他次要元素围绕这个主体排列即可。设计时，要把握版面整体的阅读秩序，做到主次分明，同时对图片或文字适度夸张，会取得意想不到的效果。

2.1.2 制作能吸引注意力的形状

　　读者在浏览版面时，很容易被新鲜的、有意思的图形所吸引。独特的版面图形、新颖别致的形状可以满足读者的好奇心，提升读者的阅读兴致，进而延长阅读时间。在不破坏图片主体形象的情况下，对图片边缘进行几何化处理，可以使图片呈现出不一样的造型；还可以夸张版面设计元素，形成块面结构，使文字围绕图形排列。

　　» 下图打破图片方方正正的样式，在不破坏图片内主要部分的前提下，运用几何形状使图片的轮廓更加有趣。

调整之前　　　　　　　　　　　　　　　　　　调整之后

　　» 下图中用多个大小相同的长方形对图片进行分割，即使图片空间被很多信息占据，但在视觉上仍然完整，同时呈现出有趣的变化，与信息融为一体，没有产生割裂感。

 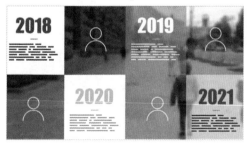

调整之前　　　　　　　　　　　　　　　　　　调整之后

　　» 下图中充分利用线、面等元素制造出有一定辨识度的视觉效果，使版面形成新颖的视觉结构，同时使图形轮廓与文字产生联系，得到独特的编排效果，从而吸引读者的目光。

2.1.3　选择鲜亮明快的色彩

适当的色彩能够引发读者的共鸣，吸引读者的注意力，烘托版面氛围。鲜亮明快的色彩更容易调动读者的情绪。明快的暖色（玫瑰红、明黄等）通常被认为是热情、温暖的颜色，明快的冷色（天蓝、苹果绿等）通常被认为是活泼、轻快的颜色。选择明快的色彩时，需要定义和分析信息内涵以及目标读者群。杂乱的环境色和过于明亮的字体色彩会让人感到不适，因此，应用鲜亮明快的色彩时需要谨慎。只有合理设置色彩的对比度，才能让读者在阅读时感到舒适。

高纯度的明快色彩充满时尚感和现代感，结合优雅的几何图形，有一种清新舒爽的气息，以这种颜色传递的信息会让人无法抗拒。

» 下图中明快的色彩和渐变的色彩可传递出一种科技感和新鲜感。

 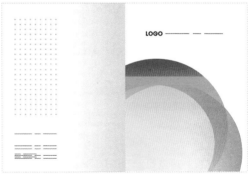

» 人类大脑对明亮的色彩反应十分强烈，因此下图中明亮的色彩组合更容易引起读者的注意。

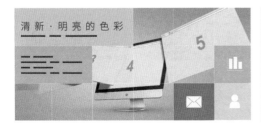 

色彩鲜亮明快的版式设计往往能脱颖而出。但需注意，色彩的选择在一定程度上要基于目标读者的偏好。

2.1.4 添加底纹或纹理

添加底纹或纹理的主要作用是强调版面的氛围，衬托主体。在版面上适当运用底纹或纹理，可以赋予版面生机，让版面更美观。

» 右图中的背景是石头元素，这种质朴且有岁月感的底纹会让版面有古朴沧桑的感觉。

» 下图中的背景是矢量插画元素，版面有一种绚丽活泼的感觉。注意，在使用这种背景时，依然要保持色彩的和谐统一。

选用的底纹或纹理应统一色调，两种以上的底纹或纹理的对比不应过于强烈，以凸显主体。如果版面呈现的是严肃的信息，底纹或纹理可简约一些。如果版面呈现的是活泼、时尚的信息，底纹或纹理可活泼一些。

» 下图中别样的底纹使版面的色彩不再单调，营造出一种怀旧复古的感觉。

» 下图中的主体形象自然融入装饰性极强的底纹背景中，充满了神秘感。明与暗的色彩对比明确了版面的层次关系。

Tips

底纹或纹理可以表达情感，不同的底纹或纹理，表现出的情感也不同。使用底纹或纹理作为背景时，需要结合主题内涵，选择相应的样式和色彩。

2.1.5 确定视觉焦点的位置

制造视觉焦点是版式设计中不可缺少的一个环节。读者在阅读的过程中总会下意识地寻找值得观察或思考的目标信息，如果没有一个明显的视觉焦点，他们就会不知该看向哪里。如果整个版面的信息元素明确，读者能快速找到视觉焦点，就会感到愉悦。

人们在阅读时，其视线会从上至下、从左到右、由明及暗地移动。一般来说，一个版面中的视觉焦点可以在左上、中上和右下3个位置。

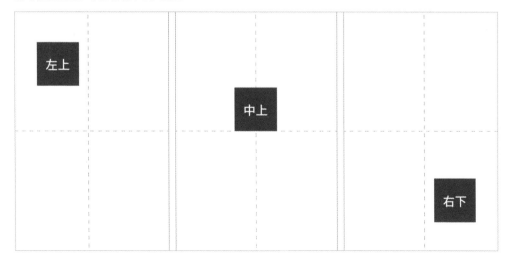

» 观看下图时，读者的视线会由左上向右下移动，停留在视觉焦点处，随后阅读其他信息。

» 下图中虽然主体形象的面积较小，但是处于整个版面中最聚焦的位置，读者的视线会被它吸引。

» 下图中海平面略高于版面1/2高度处，给人一种视野开阔和深远的感觉，主体图形居中形成视觉焦点。

» 下图中主体信息集中在右下方，兼有辅助线的陪衬，由此形成视觉焦点。

2.2 | 如何把握视觉平衡

打造出视觉焦点后，其余设计元素就要按照读者的阅读习惯进行组织，使版面达到平衡状态，使阅读更轻松、准确。这种平衡状态并非所谓的信息平衡，而是视觉感受的平衡。

形状相同、尺寸相同的两个图形，会给人对称的视觉平衡感。

下图中正方形和圆虽然高度相同，但是正方形看起来更大，圆看起来更小。将圆的直径增大，左右的图形在视觉上就有了平衡感。

下图中正方形与菱形的视觉平衡感同理，调整菱形的大小，使左右图形在视觉上达到平衡。

» 下图中左右两侧的图形所占的版面面积相近，主体信息居中，使版面达到视觉平衡。

» 下图是左文右图的版面布局，右页的图片占据右侧版面的3/4，加上深色的文字说明，减轻了左页深色背景的视觉重量，从而达到左右页的视觉平衡。

2.2.1 运用图片

图片的编排影响着版面的构图，文字和其他元素在版面上的位置有着不确定性。图片的位置能够协调文字等元素的位置，同时稳定视觉重心，影响版面的整体视觉效果。合理运用图片的尺寸、形态和位置，可以稳定版面，平衡版面各元素间的关系。

» 下图中版面左页单张图片在文字左对齐的情况下，增加了视觉重量，与右页的两张图片形成视觉上的平衡。

» 下图中版面左页大面积的色块和文字与右页的大图和文字形成视觉平衡。

» 下图中，左页图片在版面中占有很大的面积，与右页的内容形成反差，同时左页图片与右页的主要元素对齐，整个版面依然保持平衡。

» 下图中右页的图文错位布局兼顾了左页的深色背景，整体达到了视觉平衡。

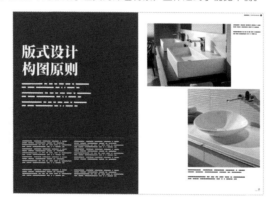

» 下图中左右页边缘相似的装饰图形，明示版面的对称关系。

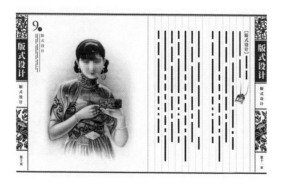

Tips

版面上的图片会影响读者的视线，版式设计常常会运用图片元素。因此在版面的构图上，就要考虑视觉平衡，有意识地为读者提供舒适的阅读体验。

2.2.2 运用网格

网格能够将复杂的元素编排得规范有序。任何形式的文字和图片通过网格都能够对版面进行有序分隔,形成对称或非对称关系,达到视觉上的平衡。

» 右图中的文字页和图片页均设置了网格,两部分信息所占的版面空间相当,局部色块和数字强调性的处理使左右页达到了平衡。

对称式网格可以让版面平衡稳定,能有效组织信息。但是重复应用网格会让版面显得呆板,缺少变化和活力,引发视觉疲劳。这时就可以适当增加一些设计元素,使版式设计变得灵活多样。

» 右图中各区域内的图形宽度相同,高度略有差异,将整个网格看作一个整体,并让内部图形有规律地灵活排列,以免版面过于规整。

在非对称式网格中,元素间距可以完全不同,不同部分的元素数量也可以有差别,这样可以使版面整体显得灵动,布局形式耐人寻味。

» 右图通过使用网格使版面中的图片相互呼应,达到视觉上的平衡。整个版面干净有序。

> **Tips**
>
> 将网格应用于版式设计是一种简单有效的布局方法,能使版面元素整齐有序。

2.3 | 如何进行视线引导

版式设计既要考虑信息编排的整体效果，又要站在读者的角度考虑视线的走向。依据从左到右、从上到下的阅读习惯，添加能够引导读者视线的视觉元素，有助于增强阅读体验。

2.3.1 采用对角线构图

对角线构图即按照左上角到右下角，或从右上角到左下角的方式来构图，使视线在对角线之间移动。对角线构图可以让版面更具动感，让阅读顺序直接明了。

在使用对角线构图时，还可以让不同角度的两条对角线在版面上进行延展，让读者的视线在对角线上延伸，使版面呈现出空间透视的效果。

» 在观看右图时，读者的视线会随数字移动，一直延伸到版面之外。视觉元素通过数字的大小和位置的变化，成为版面中重要的视觉焦点。

斜向视觉流程设计是指将版面中的视觉元素进行斜向排列。斜向排列视觉元素可以给人跳跃的视觉感受，具有强烈的视觉冲击力，非常容易吸引人们的目光。

» 下图中红色的斜线在版面中很突出，同时将人物放在斜线上，形成了强烈的视觉冲击效果。

» 下图也使用了对角线构图来突出主要元素。背景中的对角线在版面中营造出一种空间感。

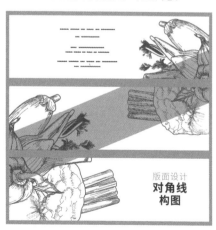

» 下图中的植物形成一条指向标题的对角线，让读者的视线由植物自然地落到文字上，这是设计师安排阅读顺序的一种构图方法。

2.3.2　采用Z形或S形构图

　　Z形构图和S形构图也属于引导式构图，与对角线构图一样，在版式设计中经常被使用。

　　Z形的走势符合从左到右的阅读习惯，以版面中的主体元素为中心加以定位，其他元素围绕这个中心排列，能够使读者清晰地辨识版面所要传递的主要信息。

» 下面两张图采用的是Z形构图，读者的视线从版面中的主要信息平移至辅助信息的位置。

　　S形的走势符合从上到下的阅读习惯，适合用于长图设计，可以使读者的视线从上到下移动，版面布局变化多样。

» 下图的网页设计布局采用的是S形构图，引导读者的视线从上到下移动。

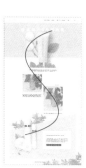
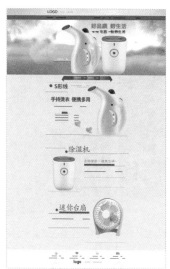

Tips

版式设计中的视觉流程包含单向视觉流程和曲线视觉流程等。单向视觉流程就是将视觉元素排列成一条单向的线。曲线视觉流程是将视觉元素按照弧线或几何形线进行编排，给读者营造轻松愉悦的氛围。

2.4 | 如何把控 阅读节奏

在版式设计法则中，阅读节奏是由视觉元素间的关系升华而来的，不是文字和图形的简单重复，而是体现在版面空间中的抑扬顿挫的律动感，可以使图形、文字等视觉元素的大小和位置产生变化，从而使版面呈现出具有生命力与旋律感的视觉效果。

» 下图是一个画册的封面和封底展开的效果，相同的图形和不同的色彩由底部慢慢上升，曲线图形所带来的舒缓节奏形成一定的阅读顺序。

» 下图中文字区域交错排列，使读者的视线随之移动，产生节奏感，阅读体验不再乏味。

» 下图中图形元素错落有致，让版面更有空间感和律动感，并将视线导向文字所在的位置，形成视觉焦点。

» 下图的背景中，重叠的色块犹如起伏的音阶，使版面产生了层次感。文字区域的交错分布则给阅读带来了一定的节奏变化。

Tips

良好的阅读节奏能够使读者以合理的顺序获取信息。要制造良好的阅读节奏，设计师在设计过程中要遵循主次分明、对比与统一、节奏感与韵律感并存等设计原则，这样才能有效传递信息。

2.5 | 如何理解 三分法

在版式设计中，三分法构图即将版面划分为横竖三等分。划分版面的两条垂直参考线和两条水平参考线形成4个交点，这4个交点上可放置版面的重要元素，使其成为视觉焦点。

» 下图是一个杂志版面，可以看到三分法构图（横向分割）在竖版构图上的应用。

» 下图是一幅摄影作品，可以看到三分法构图（竖向分割）在横版构图上的应用。

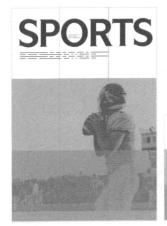

将版面横竖三等分后会出现4个交点，这4个交点处是放置重要元素较为合理的位置。

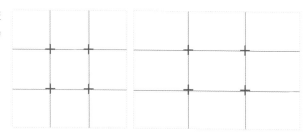

» 下图中图片被横竖分别三等分，图片主体置于左侧的参考线上，读者的视线自然停留在左侧的视觉焦点上。

» 下图中图形的重要部分置于版面左侧的参考线上，形成了视觉焦点。

» 下图中的人物位于版面左上方的视觉焦点上，作为前景主体，其他元素则与主体元素在视觉上达到平衡。

  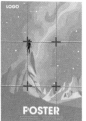

Tips

将主体完全置于版面中间是常规的布局方法。如果想创造一个更有趣的版面，可以把主体置于一侧，再运用三分法构图，使版面更稳定、层次感更强，且重点突出。

2.6 | 如何 强调主体

在版式设计过程中，设计师可以通过强调线条和图形来引导读者的视线。线条是版式设计中极具变化的设计元素之一，直接或间接地影响着读者的阅读质量。有效利用线条不仅能引导读者顺畅地完成阅读，还能加深读者对版面内容的感悟。

» 下图中的沙堆有一种自然的美，层层叠叠的沙纹与背风一侧平整的沙面形成鲜明的对比。

» 下图中的叶脉呈现出一种结构美。

2.6.1 强调线条

改变线条的粗细、形状、长短和位置等，可以强调版面的主体，制造出空间感和节奏感。

» 下图中设计师通过调整线条的粗细、形状和位置等，使版面结构富于变化。

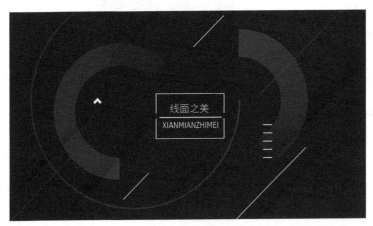

即便是在纯文字的版面上，线条也能够将版面的各个信息区域划分规整。

» 下图中设计师通过运用线条，合理分配区域，使信息排列井然有序。

2.6.2 强调图形

图形在版式设计中起着烘托和渲染主体的作用，具有一定规律的图形有很强的导读性。图形相对于线条而言，更立体，对主题的表达也更直接。

» 下图中多个不同的图形组合成了统一的版面，且设计师对图形的比例和位置进行了强调，使版面更加吸引读者。

» 下图中的每一个图形都可以看作一个面，强调图形可以起到集中视线的作用。

» 下图中设计师利用线条和图形装饰版面，吸引读者。不同线条和图形的重复，会带给人不同的感受，例如，下左图中垂直方向上图形的重复给人平静沉稳的感受，下右图中图形的斜向错落叠加给人动态的感受。

» 下图中强调比例、色彩和组合方式的图形为版面的视觉主体，具有一定的导向性。

2.7 | 如何留白

留白是版面构图的重要表现手法之一。留白不是指版面中的白色，而是指版面中留出的视觉空间。过于紧凑的版面结构臃肿、布局拥挤，往往会使读者失去阅读兴趣。版面空间适度留白，有利于形成规整舒适的视觉效果。

中国画中的留白　　　　江南民居中的留白　　　　　　　摄影作品中的留白

版式设计中的留白同图形和文字一样，不仅能传达内在的含义，还能起到简化版面和平衡画面的作用。在设计过程中，设计师要巧妙地通过留白来凸显主体。

2.7.1 在构图中预设留白

版式设计的整体布局，既要求和谐，又要求富有美感。因此在构图时，不仅要考虑留白的形状和位置，还要对图形的结构穿插进行考虑。

» 下图中黑、白、灰是版面的主色调，版面中大面积的黑色与浅灰色为留白，两者对比强烈。

2.7.2 在比例中构造留白

在版式设计中，留白的比例直接影响作品的效果。留白比例的确定是有意识、有目的的，不能随意进行，否则留白的效果将大打折扣。留白空间可占据版面的1/3或2/3。

如果版面中的留白较大，那么图形与文字所占的面积则较小。大面积留白会使小面积的图形和文字更集中，画面会显得更加大气、有韵味。通过调整留白比例，形成强烈的视觉反差、位置反差和色彩反差，图形和文字可以高效地传递信息。

» 右侧第一幅图中，在留白的引导下，观者的视线从上至下移动，文字在垂直和水平方向上均有排列。右侧第二幅图中，版面元素过于集中，显得拥挤压抑，下方的深色色块更是把版面割裂开来，破坏了版面的整体性。

2.7.3　在内容中发现留白

　　版面中留有一定的空白，可为读者留下想象的空间，以一种简单的形式传达丰富的意境。版面留白就如戏剧中的哑剧表演艺术，虽是无声的，但可以传达出有故事性的情节。观者不会因为没有声音而茫然，反而会被这种无声胜有声的形式所打动。

　　» 下图中元素之间存在某些潜在的关联，形成了一定的阅读顺序，留白为读者提供了休憩的机会。

　　» 下图中版面信息布局紧凑，左右页面没有连贯性，导致读者的阅读兴趣降低。

> **Tips**
>
> 　　在版式设计过程中，设计师绝不能忽视留白的表现手法。有意识地留白，可以使读者有意识地填补空白，进而让读者与内容产生互动。

2.8 | 如何正确使用主体元素

　　视觉主体是版式设计中刺激视觉的重要部分。如果主体元素的设计具有一定的创意，往往会让读者眼前一亮，为版面增添活力和趣味。视觉主体一般置于具有强烈装饰意味的元素上，既有欣赏价值，又能起到一定的视觉引导作用。

　　» 下图中的视觉主体都通过元素置换位于具体的形状内，既没有破坏原有的形象轮廓，有很高的识别度，又表现出较强的趣味性。

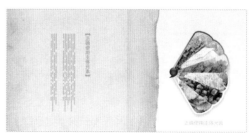

 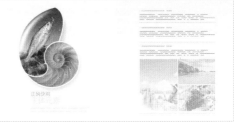

» 下图中的植物和酒杯依据走势和结构进行创意结合，展示给读者意料之外的合理性，使读者的阅读兴趣增强，视觉印象也随之深刻。

2.8.1　主体元素比例的对比

　　使用主体元素较常用的方式是改变其比例、色彩和层次等。在比例上，可以把一个主体元素放大，使其占据版面的主要区域，也可以增添多个相似的元素并错落分布，增强视觉冲击力。

　　» 下图中的心形图形外形相同，但是比例不同，组合形成的图形设计感强。比例的对比能为版面带来动感，创意性十足。

　　» 下图中版面呈左右结构布局。作为主体元素的酒杯，其形象由动感十足的色彩构成，置于版面左侧；右侧为文案部分。下方借助酒水强烈的视觉动态，烘托出稳定且有质感的酒杯形象。

2.8.2　主体元素色彩的对比

　　色彩是引人注目的视觉元素，它给读者的印象主要是由色彩的基本性质决定的。视觉主体与其他元素通过色彩的色相、明度、纯度、冷暖和面积对比，可以表达不同的情感。

　　» 明快的色彩具有很强的吸引力。下图中色块的位置偏左，为主体信息留有充足的空间，色彩很抢眼，但整体并不突兀。

　　» 下图中主要色彩的对比，使得主体元素更加醒目，版面结构显得更丰富、规整，拉开了主体元素和其他元素的层次。

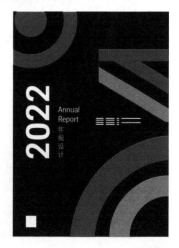

» 单一色调的版面内敛、不张扬，给读者的印象很平淡。想要使主体元素引起读者的注意，可改变某个局部的色彩，让版面主体色彩与其形成强烈对比，如下图所示。

» 下图中单色的主体与鲜艳的背景形成对比，使主体融入背景色中并产生丰富的视觉变化，给人梦幻般的感受。

2.8.3 主体元素层次的对比

利用版面主体元素与其他元素之间的层次对比，可以吸引读者的注意力。例如，在版面元素比较复杂的情况下，可以通过模糊周围元素来突出主体元素，达到使其醒目的效果。

» 在版面中，可利用元素的透视关系营造层次关系，如下图所示。

» 还可以采用肌理对比的方式，让版面产生不同的效果，形成别具一格的风格，如下图所示。

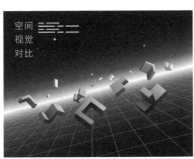

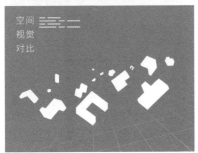

2.8.4 主体元素插画的应用

现在插画的应用范围越来越广，版式设计也会涉及插画的应用。插画能赋予文字生命，将信息更为明确地传递给读者。

» 下图中的手绘线描插画自然洒脱，对主体元素深入刻画，其他元素则一带而过。

» 下图中的插画采用了水彩与白描结合的绘画技法，白描图案作为背景纹样衬托主体元素。

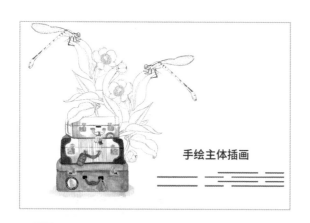

» 下图中的插画采用了水彩的绘画技法，对前景进行重点刻画，使其成为视觉主体，刻意弱化背景，由此形成空间感。

Tips
　　视觉风格应根据版面的主体内容而定，利用各种表现手法来突出版面主体信息。

第3章

网格的应用

3.1 | 为什么要运用网格

　　运用网格可以轻松地设计出严谨而富有节奏感，并充满理性之美的版面效果。网格通过统一规划版面元素，使其协调一致，体现了版式设计的规范性特点。简单地说，网格的运用解决了复杂、耗时且麻烦的图文信息设计问题，变复杂为简单，给人以舒适协调的视觉感受。

3.1.1 使内容规范整洁

　　网格的主要用途之一是使设计元素更具规整性和秩序感。设计元素在网格规范下对齐，内容划分明确，最终形成整齐和有组织的版面。虽然读者看不到网格线，但是它以一条条无形的界线来规范图片和文字。

　　» 下图所示版面原先的设计很不规整，内容混乱。之后可以通过三栏网格来划分标题与正文，以保持版面的对称性和平衡性。

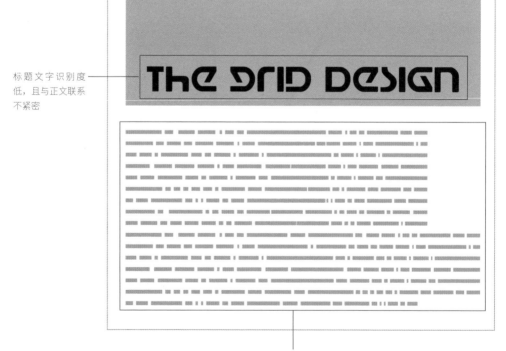

标题文字识别度低，且与正文联系不紧密

正文段落不清晰，显得拖沓、不利落

» 下图所示版式设计体现了浓浓的对称设计理念。左右并置的页面展示了阅读的宽度，每个页面呈3栏分割，使版面显得规整、庄重。左页图片突出和右页的灰色空白，使得版面在平衡中兼具变化。

3.1.2 提高工作效率

　　网格的运用可以大大提升版式设计效率。因为网格可以作为一个"向导"，引导设计师将设计元素摆放在合适的位置。在版式设计中，网格的运用意味着将版面划分成大小相等的块，每一块就是一部分内容，再在块的基础上加以组合，使之层次分明，就构成了完整的版面布局。

» 下图文字版面结构混乱，无规律可循。设计师处理版面时，只着眼于局部，未能兼顾整体。由于版面有限，排版浪费了大量的时间。设计完成后，版面局部之间产生了冲突，这样会消减读者的阅读兴趣。

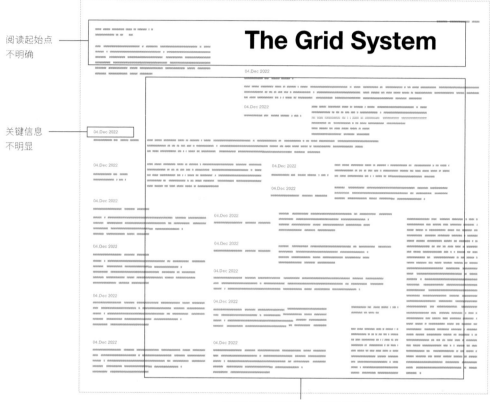

阅读起始点
不明确

关键信息
不明显

正文的阅读顺序混乱，影响工作效率

» 运用网格设计方法，依据文字内容的主次关系有效设定区域，形成规律性，这样可以提高排版工作效率，且规整又具有逻辑性的结构还能优化阅读体验。

» 在进行跨页图形设计时，要充分利用内边距空间，使展开页面相互关联，版面左右对称，共同构成信息整体，如下图所示。

3.1.3 使阅读更顺畅

网格可以使多文字的版面看起来更具整洁性和组织性，使阅读更加顺畅。文字编排的易读性可通过网格基线来实现。网格基线是规范字行的横行线，文字排列的每一行都在设计之中，如同笔记本上的横向线条。网格基线规范着文字的位置，使不同段落的文字处在同一水平线上。

网格基线给版式设计提供了一个基础构架和信息向导，帮助设计师确定什么位置应该放哪些元素。因此，一个规范的网格系统，将会使信息元素定位更加快捷，文字排版更加规范，阅读更加顺畅。

网格基线

栏距相同

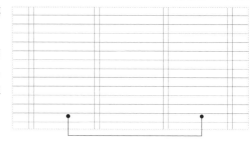

栏宽相同

文本齐行，上下一致

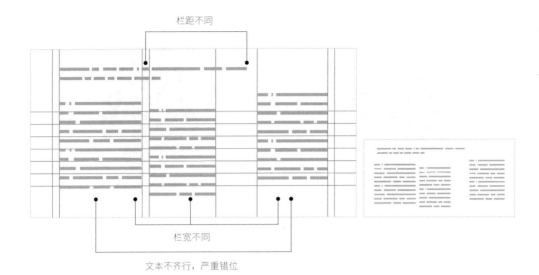

栏距不同

栏宽不同

文本不齐行，严重错位

» 在网格基线的规范下，文字行与列的间距得到统一，版面内容整洁，秩序井然，阅读顺序自然形成，如下图所示。

Tips

网格系统对版式设计的作用至关重要。对于多文字和图形混搭的版式设计而言，无论主题是什么，版式设计风格如何变化，版面的根本结构都取决于网格系统。

3.2 网格在版式设计中的作用

网格的主要作用是协助确定版面上的文字大小和内容编排，恰当布局多种元素。随着人们的阅读要求的提升，文本的可读性不单单由内容决定，版面的布局所带来的视觉舒适感同样不可忽视。

网格主要用于多页版面设计。利用网格设计多页版面时，首先在版面上设置一个网格，然后将其从一个页面转移到另一个页面，每个页面都由不同的结构和内容组成，在体现每个页面特点的基础上，仍然保持整体连贯的风格，打造版面的平衡效果。

在多页版面设计中，网格的常见用途是书刊和画册设计。整体版面常用线性设计，前后版面一以贯之。

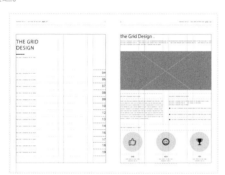
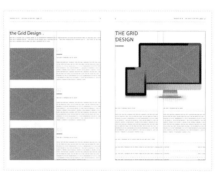

3.2.1 视觉元素关系形成

网格的设置有利于图文设计元素依托参考线形成有机整体，保持完整性和关联性，避免相互孤立。网格设计的整体协调性产生的视觉美感，会给读者留下难忘的视觉印象。

标题、正文和图片关系的确立，构成一个个信息块。标题字体的粗细、大小的变化在版面上犹如音符，跳跃起伏。标题与信息构成阅读模块，给读者指明阅读的方向。

在这种基于网格的布局中，元素整齐排列，互为关联，形成信息区域。这种布局不但方便阅读，而且整洁美观。

在以文字为主的信息类版式设计中，网格系统所带来的秩序感和整体感可以使设计师合理地设计版面结构。

3.2.2　视觉审美的建立

网格设计遵循黄金比例原则，不仅可以为版面建立起图文关系，还可以形成图文结构的秩序感。视觉审美的建立既可通过版面空间适当留白的方式来进行，又可通过调整视觉元素所占版面比例以及视觉元素间的对比布局来实现。

缺乏变化的网格设计会使整个版面呆板乏味，让读者失去深入阅读的动力。这时就需要适当地对网格进行拆分、组合等处理，增强版面的灵活性。

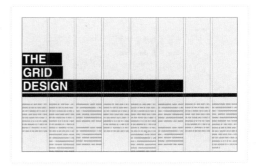

好的网格设计是干净、规律和美观的。有时，不经意间打破版面部分区域的平衡，进而打造网格设计的视觉焦点，将给整个版面带来独特的视觉美。

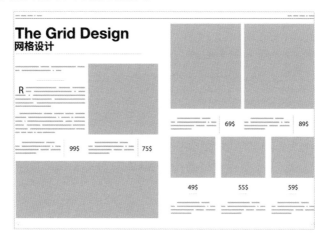

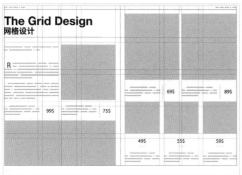

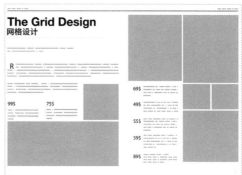

» 下图中的版式设计使用了水平网格、垂直网格和对角线网格来保持版面的整洁有序。值得注意的是，设计师可以根据版面内容灵活设置网格列数。列数越多，版面布局越灵活；列数越少，版面布局越简单，网格的参考性就越弱，不利于整体设计。

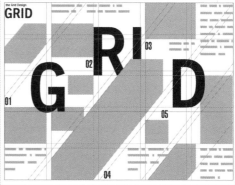

3.2.3 信息的有效组织

借助网格系统进行版式设计能够使整个版面中的图文具有规律性。随着时代的进步，网格的运用方式变得更加精确。网格的基本功能之一是合理组织版面信息，使不同的元素分区明确、清晰，同时又具有关联性，强调版面的整体效果，以提升阅读的条理性和秩序感。

◎ 分栏的应用

网格分栏多应用于报刊设计，使用网格创建文本栏，可以划分主要版块及次要版块，使信息布局变得更容易，从而加快阅读速度。通过分栏，设计师还可以有效把握文本长度，更快、更容易地构建文字段，使信息更加易读。

» 根据阅读的需要，网格分栏有时可以达到十余栏，以增强信息的条理性。例如，下图中版面分成了13栏，整洁干净，可读性强。

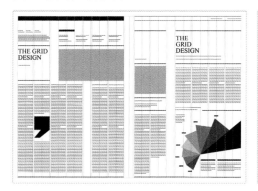
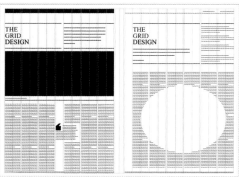

◎ 网格作用下的版面留白

相对于有形元素而言，围绕在有形元素周围的空白空间更能突出版面信息。有形元素直接传递信息，空白空间使这种传递更加有效，更具引导力。因此，设计师需要灵活运用空白空间。

» 在下面几张图的版面布局中有大量的留白，呈现出时尚、开放而简约的设计风格。留白空间中没有混乱或不必要的元素，使文字部分的重要信息在视觉上得到了集中，起到了很好的烘托作用。

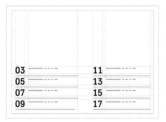

◎ 运用网格方便阅读

版面有主要区域与次要区域之分。人们的阅读习惯决定了版面中有一部分内容更容易被注意到。因此，设计版面时可根据阅读习惯合理安排主次信息，帮助读者更加准确、快速地了解版面信息。

为了产生多样的视觉效果，可以适当变换一下图文的顺序，或改变图片大小，使其成为视觉焦点。通常，通栏设计的版面更具冲击力。

» 在下图中，版面分为6栏，原本冗长的文字在分栏排版后一下子就显得充盈却不拥挤，避免了文字过长带来的阅读疲劳感。

网格为版面的编排提供了设计参考。运用网格可以有效定位版面中的一些辅助元素，增强视觉冲击力和版面活力，突出风格特色。

» 下图中左侧版面完全由图片占据，右侧版面图文并茂。此为平均半版编排，可使整个版面重心稳定。由此可见，图片与文字的恰当结合可以达到视觉平衡的效果。

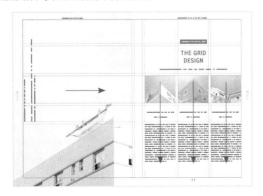

» 图片与文字重叠编排可以增强版面的层次性，给人以强烈的视觉效果。下面两张图中的图片占据了大部分版面，使整个版面显得饱满且视觉效果强烈。文字重叠编排在图片上，使版面具有前后叠加的层次感。

 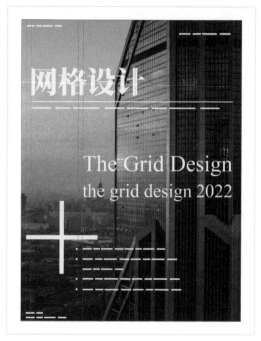

Tips

网格不是限制版面的工具，而是版面归纳的好帮手，可以帮助设计师高效完成规划合理、定位精准的版式设计。网格不是固定僵化的模板，需要设计师灵活应用。

3.3 | 如何创建
网格

在版式设计中，运用网格是一种非常重要并且实用的辅助设计方法。网格的作用在于划分元素区域，使设计师能够更好地掌控版面的比例和空间感，提高版式设计的效率。

3.3.1 利用比例关系创建网格

一般图书页面的长宽比是3:2(这个比例不是固定的,根据需求设定即可)。如果将页面横竖均划分为9等份,版面长度a与宽度b相等,通过划分页面就得到1/9的上切口边距和2/9的下切口边距。连接跨页的两条对角线与单页的对角线,两个交点分别为c点和d点,由d点出发,向顶部作垂线,垂足为e点,连接e点和c点,所形成的这条线又与右侧单页的对角线相交于f点。那么,f点就是整个正文版面的定位点。利用这种创建方法可以获得较为合适的版心。

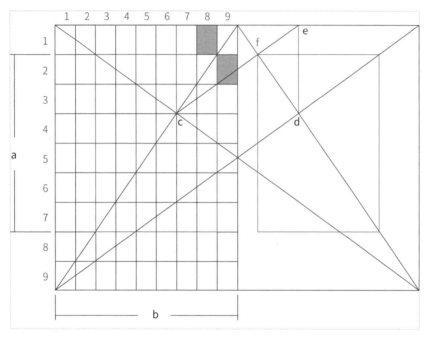

在左页为单栏、右页为双栏的混排版面中,要遵照比例关系设置版心,并将版面内容置于版心内。虽然这样会造成左页留白较多的问题,但是由于圆形并置,左、右页在视觉上依然是平衡的。并且,在点线面的优化布局下,版面整体节奏感强,层次不显单调,时尚而轻松。

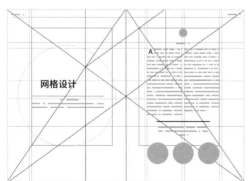

3.3.2 利用单元格创建网格

分割单元格是创建网格的一种有效方法。分割单元格可以利用斐波那契数列，又称黄金分割数列，即1、1、2、3、5、8、13、21、34、55、89、144、233、377、610……从第3个数字开始，每一个数字都是前两个相邻数字之和。

斐波那契数列与8：13的黄金比率有直接的关联。

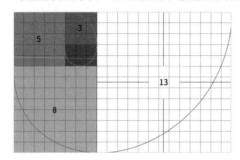
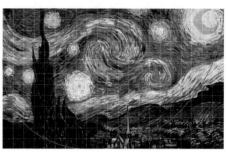

» 为了吸引读者的注意力，可以通过将网格设置成几列，以定位设计元素。下图中通过设置多列，并将网格对齐，将读者的注意力吸引到23和30这样的点上。

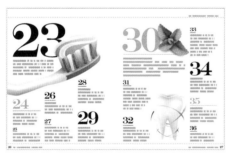
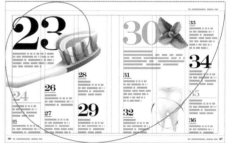

» 斐波那契数列应用于页面的分割，以确定图文的比例关系。下图中的左、右页版面分别由34×55个单元格组成，内边缘留白5个单元格，外边缘留白8个单元格，底部边缘留白13个单元格。其原因在于，在斐波那契数列中，5后面的第1个数字是8，第2个数字是13。

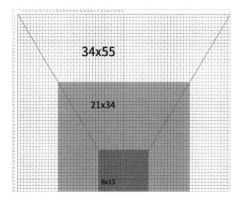
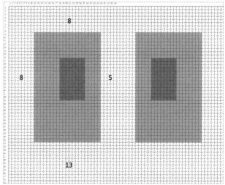

应用斐波那契数列绘制出来的网格能够使文本框设置达到视觉平衡的效果，这种平衡感来自对美感的追求和对数字的精确计算。

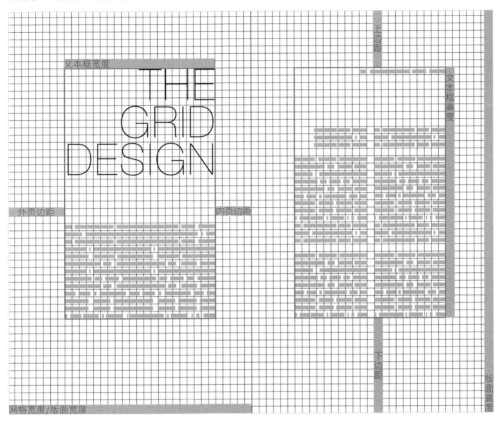

网格的运用既讲究规范，又追求灵活。完全按照网格来设计容易导致版面缺乏活力。要在有限的空间中根据网格编排出新颖灵动的版面，文字和图片位置的合理规划就显得尤为重要。总之，版式设计基于网格，但又不拘泥于网格。

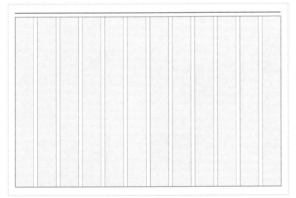

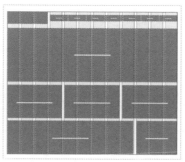
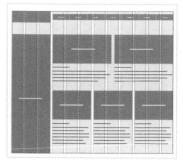

3.4 网格的分类

　　版面传递的信息不同，网格的形式也不同。例如，诗歌类的版面留白会较多，用以形成雅致的阅读效果，而论文类的版面文字较多，版心面积就会较大。

3.4.1 分栏网格

　　分栏是基本的网格形式，在版心内划分的并置栏形成单个或多个矩形，将文章分成一段或数段。栏作为一种编排的边界，用来约束文字或图片，将其限制在规定的范围内。分栏数量由版心面积大小决定，版心面积越大，可分栏数量越多；反之，则越少。

　　一般来说，3栏及以下的网格比较常见，多适用于多文字编排且篇幅较长的文本。

单栏网格　　　　　　　　双栏网格　　　　　　　　三栏网格

多栏网格让版面编排具有更强的灵活性，常用于多信息但篇幅不长的文本，其作用在于协调图文之间的层次关系，丰富版面的阅读节奏，使版面布局更具逻辑性。

多栏网格

3.4.2 模块网格

在分栏网格的基础上，将版心平均分成一定数量的模块，即形成模块网格。模块网格适用于多图片的版面，可使版面产生一定的动感并在视觉上形成节奏变化的效果。

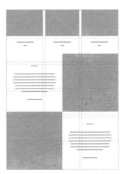

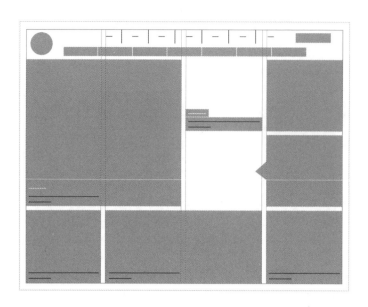

3.4.3 自由型网格

与其他网格类型相比，自由型网格在版心运用上的自由度更高。自由型网格利用点、线、面使版面上的元素形成一定的比例关系，达到突出主体的效果。

自由型网格虽然没有分栏网格严谨，不适合用于大量信息的编排，但是处处体现着设计师的设计理念，彰显着设计师的个性。自由型网格依然以版心为基本设计区域，使点、线、面与分栏网格相结合，将信息模块化地呈现出来，保证信息的可读性。

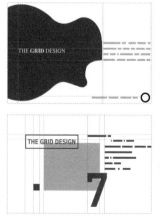

3.5 | 如何 绘制网格

网格是按一定比例，由一系列垂直和水平的参考线组成的。建立网格首先要确定版心，然后设置分栏，再设定正文字号和行高，最后以展示图片的数量来确定模块数量。

3.5.1 版心的设置

在设置版心之前，我们需要明确以下概念。

栏：用于分隔版心空间、放置内容的垂直区域，栏宽可以自由设置。

栏距：将每栏的信息分隔开，作用是使版面信息清晰、方便阅读，栏距根据版面变化。

流线：横向排列的对齐线，设计元素的对齐依据，有利于使版面规整，引导阅读。

模块：网格最小区域的单元格，可以创建多种形式的行和列。

标记：版心之外放置页眉、页码的位置，以及整体页面中展现重复信息的地方。

页边距：介于版心和页面边缘之间的留白空间。

设定纸张为210mm×297mm，确定版心与纸张上、下、内、外边缘的距离。上边距为13mm，下边距为36mm，内边距为26mm，外边距为13mm。适当的页边距能带给人更加舒服的视觉感受。边距大小的设定有一定要求：比例适中，疏密有致，不拘谨也不能过于宽松，以看起来舒适为佳。

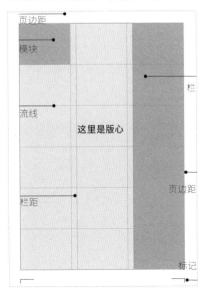

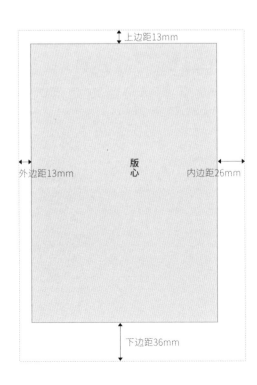

3.5.2 分栏的设置

　　根据版面需要确定栏数、栏间距。若确定为3栏，则栏间距设置为5mm；若确定为2栏，则栏间距设置为7~9mm。根据栏数和栏间距，可以直接算出栏宽。栏间距可以灵活调节，以控制栏与栏之间的疏密关系。

　　本例中，若将版面分为3栏，栏间距为5mm，则栏宽=（版心宽度－2×栏间距）/3=（171mm－2×5mm）/3≈53.7mm，即栏宽约为53.7mm。

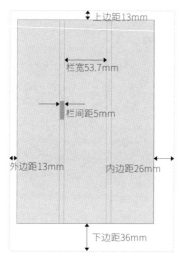

　　在版面编排过程中，字号以"点"为单位，一点约等于0.35mm。下图中，标题字号为14点，正文字号为8点，正文行高为13点，注释字号为6点，注释行高为12点。版心高度相当于54行正文的高度，其计算公式为：（纸张高度－上边距－下边距）/0.35mm/正文行高。本例中，版心高度=（297mm－13mm－36mm）/0.35mm/13点=248mm/0.35mm/13点≈54行。

3.5.3 网格的绘制

为了使版面适应丰富的图文形式，可将整个版心划分为3栏，如果共18个模块，那么每栏就有6个模块，每个单元格的高度约等于9行正文的高度（始终以一行正文高度为基本单位），每隔9行正文有一条参考线。如果插入的图片过多，可以考虑设置21个或24个模块。

在模块之间划分出1行正文高度的垂直间隔，用来确定垂直元素间的统一距离。垂直间隔不是一成不变的，可以是一行、两行或三行正文高度，采用统一距离，保证版面美观整洁即可。

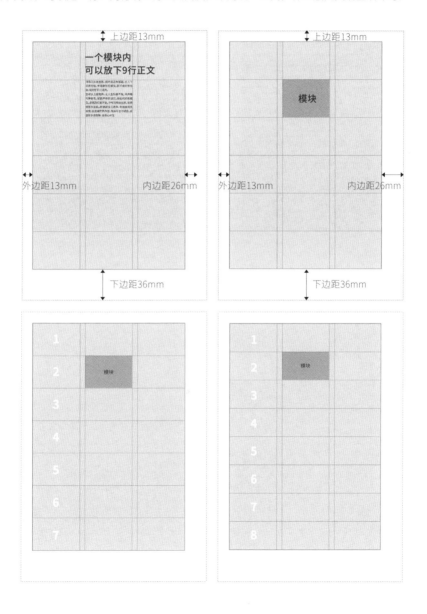

网格绘制好之后，把相应的文字、图片等元素放到网格中，并采取矩阵整列的方式进行排版，以形成强烈的、理性的秩序感与节奏感。需要注意的是，要保证图片底端或顶端与文字对齐，不同栏之间的文字基线处于同一水平线上，以保证版面的规范、整洁。

修改前　　　　　　　　　　　　　　　　　　　　　　　　修改后

04

第4章

文字的应用

4.1 | 如何选择 标题字体

当版面内容和图片都已确定时，如果标题字体与内容不协调，往往会导致可读性下降，影响整体的阅读效果。给标题挑选一款合适的字体非常重要，字体大体分为现代字体（直线型字体）、复古字体（曲线型字体）和再造字体（字体设计）。即使是同一类型的字体，粗体和细体也会呈现出不同的效果。

4.1.1 现代字体

现代字体多为无衬线字体，这类字体缺少装饰性的元素，风格较简约，虽然没有独特的字体个性，却以辨识度高、持续稳定的姿态给人以信赖感。现代字体一般不强调特定范围，但重视功能性，能起到准确、快速的提示作用。

4.1.2 复古字体

衬线字体即属于复古字体，具有较强的装饰性。复古字体庄严肃穆，可将传统、经典的画面展现在眼前，表达历史的厚重感，具有一种威严而高级的气质。这种字体在表现经典或传统事物的版面中较为常用，可以营造版面氛围，增强作品的表现力。

4.1.3 再造字体

再造字体即字体设计，是对字体进行再创造的一种设计行为，即根据原有字形结构重新设计组合，突出视觉效果，表现艺术性。再造字体具有明显的个性，主要应用于海报标题，可带给人新颖别致的视觉感受。但对字体设计过度会导致其辨识度降低，所以设计时不能脱离字形结构。

案例分析:《烘焙新品》海报设计

◎ **设计目的**

推出烘焙新品,使消费者产生购买欲望。

◎ **设计要求**

主题突出,色调统一,信息传达准确,提高消费者对新产品的信任度。

字体与风格相悖

海报标题字体不符合产品风格

版面层次混乱

文字与画面排列缺少层次,字体色彩不明确,与画面主体产生严重冲突

修改前

设计元素欠妥

透明色块破坏了画面的整体性,会导致视觉混乱,进而影响产品的宣传效果

◎ 修改提示

注意画面主体的完整性，并突出宣传文字。

统一版面的风格。

要有一定的阅读方向感。

修改后

◎ 改后说明

在不破坏画面主体的前提下，采用了左右结构，画面主体的摆放角度打破了构图的呆板。

标题选用复古衬线字体，大气醒目，与其他字体形成明显反差。

主色为咖啡色，与画面色调呼应，也使得面包的暖橙色更加突出。

Tips

我们在设计一个版面时，不要急于选择字体，要先观察这个版面的风格类型，并分析使用哪种字体更合适。多选几种字体进行比较，从而直观地感受版面的整体效果。

◎ **举一反三**

使用相同的元素，采用不同的表现形式都能够对文字所表述的内容做出恰当的说明。多多尝试，不同的人基于不同的审美、素养和理解会设计出不同的版面。

方法1： 以图片作为背景，左下方的复古字体英文作为产品标签，能吸引读者。右上方的主题文字定位产品的属性，右上方和左下方的内容形成对应的关系。这样既不破坏画面效果，又将产品的特性表达得更清晰。

方法2： 将版面设计成杂志封面的效果。复古字体英文成了杂志名称，主题文字成为重点内容介绍，顿时增添了阅读的趣味性。

4.2 | 如何选择 正文字体

选择正文字体时，要注意文字信息的传达要准确、快捷，字体的编排也要具有形式美。选择合适的正文字体对于顺畅阅读起着非常重要的作用。字形是由字体风格延伸出来的不同形式，不同的字形会给读者带来不同的视觉感受。

4.2.1 按设计风格和内容选择

　　根据不同的信息内容，版面呈现出不同的设计风格。表现女性题材时，版面风格会偏柔美，常会选用纤细的字体；表现男性题材时，版面风格就会偏刚强，常会选用粗犷的字体。另外，正文要便于阅读，应尽可能降低文字对眼睛的刺激程度，让读者把注意力放在内容上。

表现了女性的柔美舒展　　　　　彰显了男性的刚劲有力

4.2.2 按传播媒介选择

　　文字不仅出现在纸质印刷品上，还出现在电子显示屏上。因此，不同的媒介对字体的选择和编排方式也不同。

　　纸质印刷品的优点是历史悠久、工艺精湛，读者能够专注阅读；缺点是携带不便，信息量有限。纸质印刷品对于字体的选择以适应版面为主。

　　» 下图为葡萄酒庄园的纸质画册内页。传统纸媒适宜长时间欣赏或阅读，可以让人细细品味文字或图片传递出的意义。怀旧色调配以具有古典韵味的衬线字体，展现出浓郁的时代感，同时温情的画面又能拉近与读者的距离，让人记忆深刻。

　　电子显示屏的优点是呈现的画面色彩鲜艳，读者获取信息方便；缺点是信息量大，信息消化不完全。所以设计时会更强调版面的新颖性，并且文字要直接地传达信息，使读者能迅速找到所需要的信息。笔画过细、字号过小的字体都不适合用于电子显示屏。

　　» 下图展示的是电子显示屏中文字呈现效果。色彩对比强烈，主体文字明显，便于读者快速找到所需要的内容。

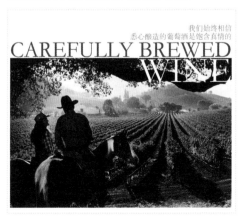

案例分析：《假日》画册内页设计

◎ **设计目的**

以年轻人的视角，展现对假日生活的畅想。

◎ **设计要求**

引导消费，彰显高端品位，追求品质生活。

字体单调

字体生硬无变化，色彩缺少活力

版面设计感弱

整体设计缺少亮点，画面留白过多，显得空旷，且左右不平衡

修改前

图片过于统一

虽然图片大小统一，但是没有视觉主体，导致节奏感不强，画面层次不分明

◎ 修改提示

优化正文字体，打造视觉主体，强化视觉吸引力。

运用成熟的色彩，让版面形成层次感。

修改后

◎ 改后说明

字体改为装饰感强的宋体，文字"FENGJING"突出，吸引读者的注意。汉字和字母在位置上的错落变化，让版面产生了节奏感。同时将字体改为浅咖啡色，与整个版面更协调。

调整图片的大小，形成主次关系，加强画面感。

底色改为淡黄色，给品质假日生活增添无限遐想。

◎ 举一反三

版面的不同，也为文字的编排提供了不同的可能性。选择合适的字体和有趣的排列方式，可以增强阅读体验，延长阅读时间。改变图片的尺寸和位置，同样会提升阅读的顺畅感。

方法1：文字围绕图片排列，既能突出图片，又能使文字所表达的内容与图片相呼应。竖排文字打破了版面的呆板，带来不同的视觉体验。

方法2：文字与图片分居左右版面，并在文字与图片之间及其顶部与底部给予足够多的留白，这种设计方式不仅符合人的阅读习惯，而且风格简约，使文字的表达更清晰。

4.3 | 如何设计字体

所谓"字体再创造"就是将字体的结构根据图形构成的原理进行改变，但不能影响字体的识别性。

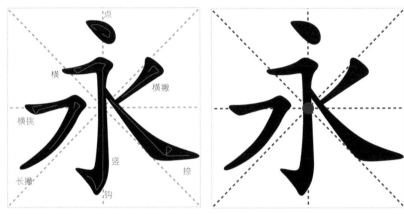

"永"字的笔画　　　　　　　　　　"永"字的结构重心

"永"字的笔画组合

在版式设计中，文字是最直接的信息诠释方式。从设计角度看，文字的字形能够呈现出视觉感很强的版面效果。

以汉字为例，字体再创造在字形上遵循一定的设计原则。每个字都有一个结构重心，主要笔画靠近结构重心，次要笔画则稍远些，这样一个字才能在视觉上达到平衡。

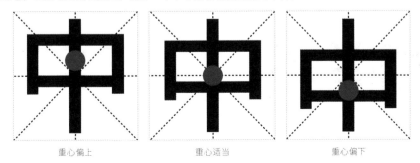

重心偏上　　　　　　　　　重心适当　　　　　　　　　重心偏下

组合文字的结构重心

除了字形，我们还需要根据字义进行变形。由字义到字形的设计过程是一个由内而外、由虚至实的思维过程。从核心字义出发，才能有一个准确的设计起点，最终设计出好看的字体。

"聚能量"字体的结构变化

4.3.1 笔画代替

笔画代替即在原有字体基础上，用其他形式来代替某一处的笔画。例如，可以用其他字体的笔画进行衔接，也可以用图形替换，还可以用具有象征性的符号来表示，唤起人们对某一个抽象意义、观念或情绪的记忆。

4.3.2 细节添加

细节添加即根据文字含义进行针对性的设计，可以在横、竖、撇、捺等笔画末端和主要的笔画处添加锚点或用图形替换。

4.3.3 笔画删减

笔画删减即在保证文字识别度的前提下，对笔画进行删减处理。因为人脑可以根据自己的经验将隐藏或省略的部分在脑中自动补齐。经过这种方法处理的字形比较有文艺气息。

4.3.4 效果添加

效果添加即对字体进行圆角、描边、倾斜等处理，让原字体笔画有明显的变化。经过圆角处理的字笔画转折更平滑，经过描边处理的字笔画的粗细会发生变化，经过倾斜处理的字力量感与动感会增强。

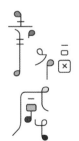

案例分析：《春游记》海报设计

◎ **设计目的**

表现春天的生机无限，鼓励年轻人走进自然，记录春天，享受春意。

◎ **设计要求**

立意准确，贴合年轻人的喜好，同时要易于理解，让读者产生共鸣。

字体缺少个性

标题字体没有个性，颜色缺少层次感，体现不出春天的气息

编排简单

文字排列没有变化，略显呆板

修改前

图片过于单调

背景图片虽展现了春天的景象，但是没有展现辅助元素

◎ 修改提示

重新设计标题字体，突出轻松感，使其成为视觉重点。

正文文字居中排列，以适应版面的需要。

图片中增加青春元素，与文字相呼应，强调万物复苏的画面感。

修改后

◎ 改后说明

重新设计的标题字体更有细节，并且错位的排版和英文的点缀使整个版面活跃起来。

文字整体居中编排，打破了原先文字左对齐的严肃感，自然而清新，有效表达了宣传主旨。

Tips

文字字体和编排方式都要根据内容而定。字体的再创造在一定程度上能够起到画龙点睛的作用，使版面给人耳目一新的感觉。

◎ 举一反三

字体经过再创造，会产生不一样的视觉效果。有些字体经过局部处理后会更引人注目。

方法1： 对主体文字进行再创造，并采用左竖排、右横排的文字编排方式，形成排列上的对比。

方法2： 对主体文字进行再创造，采取错落竖排的方式，使阅读具有趣味性。

4.4 │ 如何使文字编排方便阅读

在进行文字编排之前，设计师要充分理解文字的内容。版式设计是为文字内容服务的，不理解文字内容，设计出来的版面就会让读者产生阅读障碍，降低阅读的效率。

4.4.1 字体与字号的选择

字体的选择决定着文字编排设计的美观性。设计中常用的字体有宋体、仿宋和黑体等。一级标题为达到醒目的效果，可选用粗一些的字体，如粗黑和粗宋等。二级标题明显即可，可选用中黑和中宋等字体。文字编排中，字体种类不宜过多，两三种即可，同时还可以调整笔画的粗细、色彩和形状，以呈现多样的视觉效果。

宋体字体的选择决定编排设计的美观性

仿宋字体的选择决定编排设计的美观性

黑体字体的选择决定编排设计的美观性

字体的选择

永 永 永

不同粗细的字体的区别

永 永 永

相同文字不同字体的区别

字号就是字体大小，字号大小由"点"表示，也称磅（pt），每一点约等于0.35mm。图书正文字号一般设置为7.5~9.5点，期刊正文字号一般设置为9.5~10.5点。如果字号低于5点，则字号过小，会影响阅读。

字号
过小
从去年起，仿佛听得有人说我是仇猫的。那根据自然是在我的那一篇《兔和猫》；这是自画招供，当然无话可说，——但倒也毫不介意。一到今年，我可很有点担心了。我是常不免于弄弄笔墨的，写了下来，印了出去，对于有些人似乎总是搔着痒处的时候少，碰着痛处的时候多。

字号
适中
从去年起，仿佛听得有人说我是仇猫的。那根据自然是在我的那一篇《兔和猫》；这是自画招供，当然无话可说，——但倒也毫不介意。一到今年，我可很有点担心了。我是常不免于弄弄笔墨的，写了下来，印了出去，对于有些人似乎总是搔着痒处的时候

字号
过大
从去年起，仿佛听得有人说我是仇猫的。那根据自然是在我的那一篇《兔和猫》；这是自画招供，当然无话可说，——但倒也毫不介意。一到今年，我可很有点担心

4.4.2 字间距与行间距的设置

字间距与行间距的设置对于阅读效果至关重要。字间距过大会使阅读失去连贯性，反之，则会影响文字的辨识度。行间距过小，易导致读者在阅读回行时串行；行间距过大则影响上下行文字的关联性，易导致阅读不顺畅。行间距的设置可以参照黄金比例法则，用字号乘以0.618得到较为合适的行间距，以方便阅读。

字间距　字间距　字 间 距

行间距　行间距　行间距
行间距　行间距
　　　　　　　行间距

相同行间距
不同字体

从去年起，仿佛听得有人说我是仇猫的。那根据自然是在我的那一篇《兔和猫》；这是自画招供，当然无话可说，——但倒也毫不介意。一到今年，我可很有点担心了。我是常不免于弄弄笔墨的，写了下来，印了出去，对于有些人似乎总是搔着痒处的时候少，碰着痛处的时候多。

从去年起，仿佛听得有人说我是仇猫的。那根据自然是在我的那一篇《兔和猫》；这是自画招供，当然无话可说，——但倒也毫不介意。一到今年，我可很有点担心了。我是常不免于弄弄笔墨的，写了下来，印了出去，对于有些人似乎总是搔着痒处的时候少，碰着痛处的时候多。

横排·行间距过小

从去年起，仿佛听得有人说我是仇猫的。那根据自然是在我的那一篇《兔和猫》；这是自画招供，当然无话可说，——但倒也毫不介意。一到今年，我可很有点担心了。我是常不免于弄弄笔墨的，写了下来，印了出去，对于有些人似乎总是搔着痒处的时候少，碰着痛处的时候多。

横排·行间距过大

从去年起，仿佛听得有人说我是仇猫的。那根据自然是在我的那一篇《兔和猫》；这

是自画招供，当然无话可说，——但倒也毫不介意。一到今年，我可很有点担心了。

我是常不免于弄弄笔墨的，写了下来，印了出去，对于有些人似乎总是搔着痒处的

时候少，碰着痛处的时候多。

横排·行间距合适

从去年起，仿佛听得有人说我是仇猫的。那根据自然是在我的那一篇《兔和猫》；这是自画招供，当然无话可说，——但倒也毫不介意。一到今年，我可很有点担心了。我是常不免于弄弄笔墨的，写了下来，印了出去，对于有些人似乎总是搔着痒处的时候少，碰着痛处的时候多。

行间距过小，会导致文字相互干扰；行间距过大，会导致阅读不连贯。

竖排·行间距合适

从去年起，仿佛听得有人说我是仇猫的。那根据自然是在我的那一篇《兔和猫》；这是自画招供，当然无话可说，——但倒也毫不介意。一到今年，我可很有点担心了。我是常不免于弄弄笔墨的，写了下来，印了出去，对于有些人似乎总是搔着痒处的时候少，碰着痛处的时候多。

竖排·行间距过大

从去年起，仿佛听得有人说我是仇猫的。那根据自然是在我的那一篇《兔和猫》；这是自画招供，当然无话可说，——但倒也毫不介意。一到今年，我可很有点担心了。我是常不免于弄弄笔墨的，写了下来，印了出去，对于有些人似乎总是搔着痒处的时候少，碰着痛处的时候多。

竖排·行间距过小

从去年起，仿佛听得有人说我是仇猫的。那根据自然是在我的那一篇《兔和猫》；这是自画招供，当然无话可说，——但倒也毫不介意。一到今年，我可很有点担心了。我是常不免于弄弄笔墨的，写了下来，印了出去，对于有些人似乎总是搔着痒处的时候少，碰着痛处的时候多。

Tips

文字的排列始终要遵循明朗清晰、时代感强的原则，所以字间距和行间距不是绝对的。

案例分析:《江南丝绸》画册内页设计

◎ **设计目的**

介绍江南丝绸文化,推广闻名中外的江南丝绸产品。

◎ **设计要求**

既展现东方韵味,又呈现现代审美理念,诠释时尚、高品质的江南丝绸产品。

字体过于粗犷

文字编排的节奏感偏弱,标题字体过于粗犷,少了江南风格的隽秀

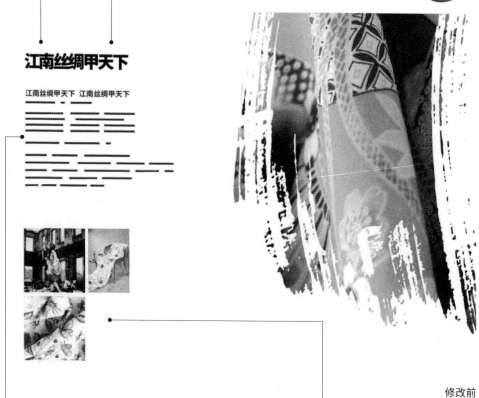

修改前

文字间距太近

文字排列紧凑,设置字间距和行间距时没有考虑阅读习惯,造成阅读障碍

图片太集中

图片形成块面,显得过于规整,没有灵动感

◎ 修改提示

　　文字的字间距和行间距根据黄金比例重新设置，使整体文字显得舒展。同时调整小标题的颜色，提升阅读体验。

　　标题文字字号增大，采用轻柔的字体，使其成为视觉重点。

　　打破之前3张小图片整体过于规整的布局，需置于合适位置，增加版面的韵律感。

江南丝绸
甲天下

江南丝绸甲天下 江南丝绸甲天下

江南丝绸甲天下 江南丝绸甲天下

修改后

◎ 改后说明

　　调整后的版面，其字间距、行间距和色彩更适合阅读，为文字说明提供了有效传达的空间。

　　有节奏感的图片布局让版面不再沉闷，具有了现代设计气息。

> **Tips**
>
> 　　在设置字间距和行间距时，需要考虑版面的空间，并与其他元素产生呼应。这需要我们多实践、多总结和多借鉴，提升版式设计能力。

◎ 举一反三

依据文字的排列方式，设置不同的字间距和行间距，得到的效果也会有所不同。不论设计什么风格的版面，都应以使阅读顺畅为目的。

方法1：采用网格布局，舒适的行间距、清新的色彩搭配给读者带来舒适感。

方法2：竖排文字具有东方韵味，合理的字间距和行间距使文字足够清晰，不同大小的图片将文字串联起来，使阅读更顺畅。

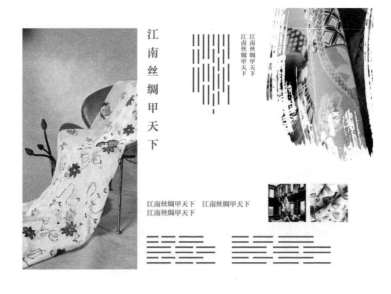

4.5 | 中文字体的编排方式

中文字体的编排要在保证可读性的基础上，让版面看起来更具美感。古代的文字排版都是从上到下竖排，现代的文字排版则多采用从左到右的横排方式。将竖排和横排两种方式结合在一起会呈现出意想不到的版面效果。

4.5.1 横向排版

横向排版符合现代人的阅读习惯，是常用的排版方式。标题文字可以夸张放大，也可以使用图形符号或辅助元素增加设计感。

» 下面两张图片均将标题文字放大，且第二张图片的标题以字母作为点缀，增强了版面的装饰性，营造出时尚感。

汉字字形方正，具有块面感，利用点、线、面作为装饰，也可增强趣味性。

» 下图以色块和线条作为装饰元素，让编排设计更有亮点，视觉层次更丰富。

4.5.2 竖向排版

竖向排版是中国传统的排版方式，偶尔在版面上出现竖排设计，会使读者眼前一亮，产生不错的效果。竖向排版也可以用字母、符号和线条等进行修饰。除此之外，还可以用传统图形来营造古典韵味。

» 竖向排版的标题表现力更强，看起来也更具个性，如下面两张图片所示。

4.5.3 混合排版

如果标题文字多，就可以使用横排和竖排混合排版的方式，让信息有组织、有规律地放置在版面中。

» 下面两张图片中通过字体、字号和色彩的不同来明确区分标题和正文，读者不需要过多思考便可直接获取内容。

Tips

文字编排设计需要不断尝试，也需要具备一定的审美能力，尤其是中文字体的排版。

案例分析：《拥抱梦想》海报设计

◎ **设计目的**

鼓励年轻人挑战自我，努力追梦，珍惜美好，憧憬未来。

◎ **设计要求**

青春张扬，配图精美，文字编排充满感染力。

文字色彩不协调

文字色彩单一，显得沉闷，没有与画面相结合

字体种类过多

字体种类过多，显得杂乱

修改前

编排简单

文字编排缺少变化和动感

◎ 修改提示

文字的色彩应与画面主色调相协调，使整体色调统一。

文字可采用横排、竖排等排版方式，使读者的目光随之移动，产生阅读趣味。

采用两种字体，避免凌乱。

修改后

◎ 改后说明

纤柔的标题字体与画面主体相协调，竖排错落的布局激发阅读的欲望。

文字的色彩与画面的主色调统一，整个版面融为一体，自然协调，没有突兀感。

其他文字采用了混合排版的方式，并分布于合理位置，使读者阅读起来较轻松。

Tips

文字与图片搭配时，要考虑色调的统一性，并且要注意字体种类不宜过多，两三种即可。

运用点、线、面等设计元素，打破纯文字的单一感。横排和竖排相结合，也能排出好看的效果。

方法1：使用线和圆点作为装饰元素，使文字更加清晰明确，重点突出，内容更易理解。

方法2：多样的文字编排，让版面呈现出律动性，更有趣味。字母的点缀打破了中文文字的单一感，稳定了版面。

4.6 | 西文字体的编排方式

在西文字体的编排中，不要选用超过3种字体。在排版上，可以采用单栏网格设计、多栏网格设计和自由模块设计，达到与众不同的版式效果。

4.6.1 单栏网格设计

单栏是较简单的网格设计形式，多适用于一般性图书、学术著作等的排版。采用这种编排方式的版面趋于理性，略显平淡，缺乏视觉吸引力，易造成视觉疲劳。

　　想要改变乏味的版式，首先可以改变字号、比例关系，其次可以调整文字区域在版面上的大小和位置，引导阅读，让版面更有趣味性。

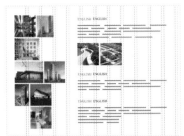

4.6.2 多栏网格设计

　　如果版面上有较多的内容，可采用多栏网格设计的方式排版。这种方式可以有效组织信息，使版面规整化。

　　版面中每一栏的栏宽可能会不同，但栏间距需要保持一致，以免显得混乱松散。各栏的顶线位置也要保持一致，让版面更有规律性。但有时对顶端错位排版，也会带来不错的视觉效果。

4.6.3 自由模块设计

　　当分栏网格结构不能很好地传达信息时，就需要为信息设置特定的版式。自由模块设计是根据内容划分区域，依据审美要求呈现内容。这种形式新颖别致，有别于分栏设计，更有规律性和层次感。

Tips

面对不同的内容，需运用不同的编排方式。分栏网格设计规整有序，多用于期刊、报纸的排版。自由模块设计创造性强，想象力丰富，多用于新媒体设计的排版。无论采用哪种编排方式，信息的有效传递都是版面编排的首要考量。

案例分析:《商业》杂志内页设计

◎ **设计目的**

引领消费,为消费者提供消费指南。

◎ **设计要求**

运用版式设计技巧,突出主题,使目标消费者迅速获取信息。

图片集中

图片分布过于集中,且与文字的关联度不够,不能快速传递信息

修改前

文字色彩单一

文字色彩单一,没有视觉跳跃感,很难找出重点信息

单栏文字编排

文字编排过于简单、平淡,冗长且没有律动感,难以使读者产生阅读兴趣

◎ 修改提示

　　文字需要采用分栏的方式编排，使段落层次分明。

　　为主要文字添加色彩，但色彩不能超过两种；还可以加入色块，使文字内容更加明显。

　　文字与图片对应，产生关联。

修改后

◎ 改后说明

　　标题字体和字号的改变凸显了标题。

　　色彩的补充让版面不再单一。

　　文字内容的分栏处理提升了阅读舒适感，让版面有了活力。

　　色块的使用让文字内容更加明显。

Tips

　　版面是包含文字和图片的空间，只有布局合理、主次分明、色彩协调，才会赏心悦目。

◎ 举一反三

文字较多时，可以采用多种编排方式，提取重点说明文字，依据版面编排原理进行分配，明确图文关系，提升阅读体验。

方法1： 使用橙色色块衬托文字，让版面更有层次感。

方法2： 将具有代表性的图片单独置于左侧整个版面，起到诠释文字的作用，其主题文字很好地融于图片。右侧版面通过网格明确了文字和图片相互之间的关系，确定了内容的秩序。

4.7 | 中文标题与正文的编排方式

设计师在排版时除了要选择合适的字体和字号，还要考虑读者阅读时的舒适感。阅读的舒适感主要取决于标题和正文的编排效果。

4.7.1 字体相同、粗细不同

设计师选择文字字体时，需要先了解文字字体的分类和特征。粗体文字更醒目，冲击力更强，例如厚重的粗黑和复古的粗宋等。细体文字显精致，如简洁的细黑和文艺的细宋。粗细均匀的宋体和黑体都适用于标题和正文。

» 在版面中只有文字的情况下，标题与正文之间设置一定距离，并加粗标题，能够使文字清晰易懂，使阅读有呼吸的空间，如下面两张图所示。

标题：宋体 正文：宋体

标题：黑体 正文：黑体

4.7.2 字体与字号都不同

标题与正文的字体和字号都不同，会让文字更有吸引力。标题的文字越醒目，视觉冲击力越强。

» 标题字体的不同，增加了标题的趣味性，形成了一定的对比，如下面两张图所示。

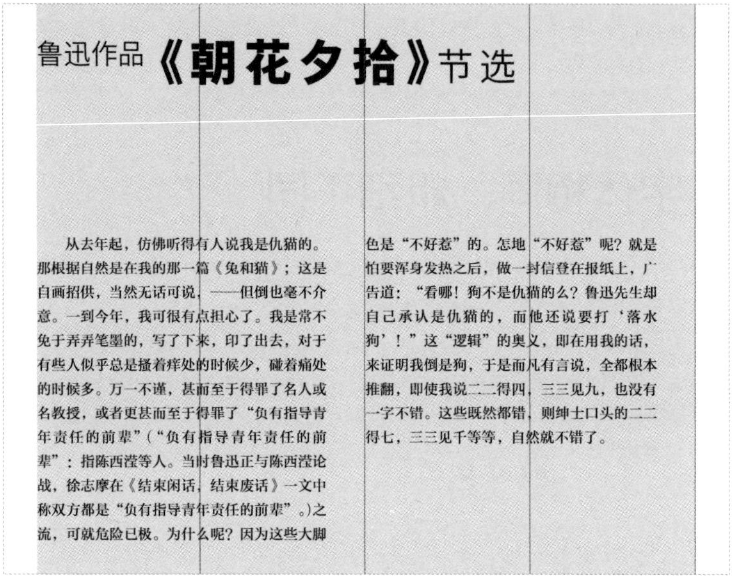

标题：黑体 正文：宋体

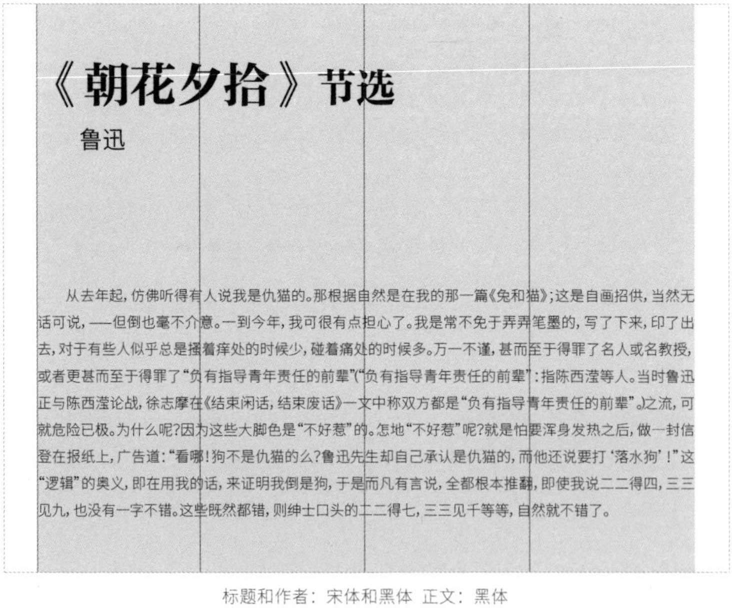

标题和作者：宋体和黑体 正文：黑体

4.7.3 添加装饰元素

要使标题引人注目，可以为其添加装饰元素。但在添加元素时，要注意不能破坏标题的辨识度。

» 下图中，字母的添加让整个版面既有古典的味道又有现代的气息，使版面有了穿越感，可避免纯文字的枯燥感。

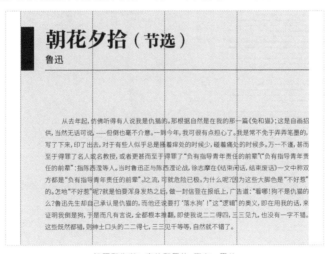

标题和作者：宋体 正文：宋体

» 下图中色块和线条的使用丰富了版面结构，几何造型强调了标题的重要性。

标题和作者：宋体和黑体 正文：黑体

Tips

如果标题与正文的编排过于简单，阅读时会索然无味，为其增添一些简洁的装饰元素，既能满足读者的审美需求，又能增强读者的阅读体验。

案例分析:《湿地公园》画册内页设计

◎ **设计目的**

介绍湿地公园,宣传湿地公园特色旅游,普及与湿地有关的知识。

◎ **设计要求**

版面简约时尚,符合年轻游客的审美需求,内容不繁复冗长,信息传达清晰准确。

标题不明显

标题与正文的关系不明确,两者字号相近、间距过小,造成阅读障碍

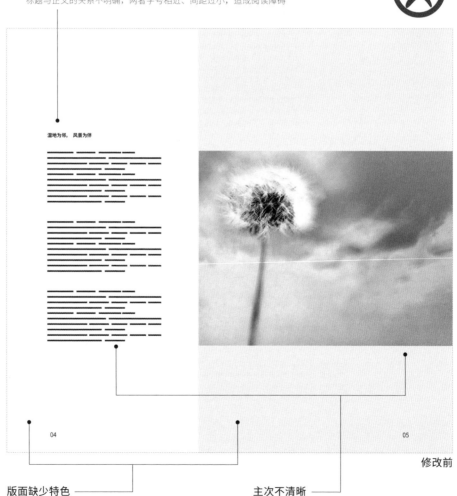

修改前

版面缺少特色

版面构成简单,文字内容和图片的关联性不强,缺少美感。留白不合理,显得苍白

主次不清晰

缺少视觉重心,布局过于平均,主次不清晰,读者无法进行有效阅读

◎ 修改提示

标题文字应该单独展现，并使其成为视觉重心。

在版面结构上，可以运用网格使各元素之间形成呼应，主次明确。

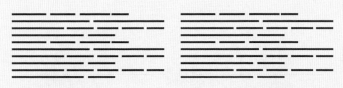

修改后

◎ 改后说明

标题与正文之间拉开一定的距离，使标题更加独立、清晰。

标题字号的区分和字母的点缀，提高了注目率。

正文的两栏设置，使阅读更轻松。整体版面协调统一，各个部分又相互独立，版面稳定。

> **Tips**
>
> 　　如果版面的内容较多，标题与正文之间就要留有一定的距离，不能混在一起。标题的设计方式很多，如改变字体、字号、添加装饰元素等。

◎ 举一反三

中文标题与正文的编排方式有很多。根据版面元素，运用网格重新组织版面结构，可使其更加系统化。为了避免读者因版面对内容产生困惑，主体元素需重点突出，横排和竖排的方式均可尝试。

方法1: 标题竖排，与正文形成对比，再添加圆形，增加版面的动感。正文用线条进行分隔，文字区域更加规整。

方法2: 标题和正文围绕图片排列，增强了彼此的联系。版面结构的合理安排和色彩的添加丰富了版面的层次，使阅读更加顺畅。

4.8 | 英文标题与正文的编排方式

英文由单个字母组合而成，不同的字母组合可产生不同的意思，编排设计的效果也会不同。
Times New Roman是一种衬线字体，庄重、清晰，适用于报纸、期刊等的设计。

Times New Roman字体

Helvetica作为一种无衬线字体，简洁、大气、结构紧凑，适用于各种设计领域。

Helvetica

Helvetica字体

4.8.1 平行结构布局

平行结构布局是指版面的所有元素都被组织在水平或垂直的范围内。采用这种方式编排的文字井然有序，阅读方便，但阅读趣味有所欠缺。此时可采用非对称排列的方式，使阅读更具趣味性。当元素位置偏移，版面的空间比例和视觉重心就会发生变化。

4.8.2 倾斜结构布局

标题与正文采用倾斜结构布局，能使文字编排更具艺术性和趣味性。倾斜结构布局虽然能够带来新颖的阅读感受，但是其倾斜角度不宜过大，否则会造成阅读困难。文字的倾斜结构布局不只是一种单纯的编排方式，更是通过视觉化、形象化的设计来完成涵盖理性与感性、主观与客观因素的审美活动。

4.8.3 自由结构布局

在采用自由结构布局的方法时，可以利用图形、色块等元素来形成丰富的视觉效果。在这种创造性的审美活动中，设计师的排版经验、知识积累、时尚理念起着非常重要的作用。

英文本身就具备简洁、夸张和抽象的特点，每一个字母既能独立存在，又能与其他字母组合。标题与正文的编排应根据内容的不同采取不同的形式。学术类内容的编排相对正规，应使内容能够被准确读取；时尚类内容的编排相对活泼，应顺应某一阶段的时尚潮流；艺术类内容的编排更灵活，应针对不同内容创造对应的形式。

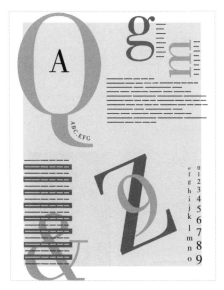

案例分析：《图书馆指南》内页设计

◎ 设计目的

介绍图书馆分区及其功能，使馆藏图书便于查询，服务于各类读者。

◎ 设计要求

图书馆分区定位清晰，各功能辨识度高。信息准确，版面简约，色彩不宜过多，适合各年龄段人群查阅。

标题与正文混淆不清

文字阅读顺序不明确，数字序号偏小，不能起到划分版块的作用。标题与正文混淆，不能清晰辨识。虽然对标题字体进行了加粗处理，但标题仍不能第一时间被找到

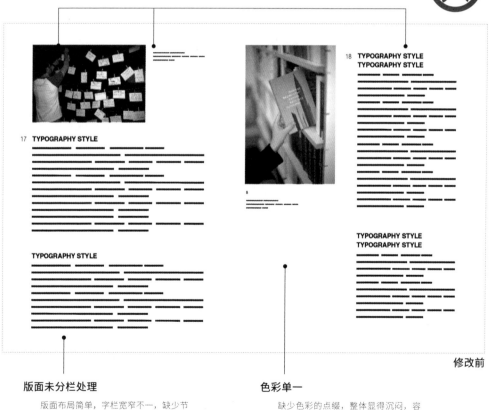

修改前

版面未分栏处理

版面布局简单，字栏宽窄不一，缺少节奏感

色彩单一

缺少色彩的点缀，整体显得沉闷，容易造成视觉疲劳

◎ **修改提示**

数字序号与标题可突出一些，使读者能够快速捕捉到。

正文进行分栏处理，增加阅读的趣味性。

在重点细节处装饰一些线条，打破多文字的枯燥感，使版面产生变化。

大胆赋予部分文字色彩，让内容的读取更轻松。

修改后

◎ **改后说明**

单独提取数字序号，并给予线条装饰，使数字序号在版面上一目了然。

标题文字的加大和加粗处理，与正文形成对比，再用横线分隔，让正文更加清晰。

错落的字栏既增强了节奏感又体现了规律性。图片说明文字采用竖排的方式，与横排的正文形成鲜明对比。

Tips

在编排多文字的版面时，可以运用局部夸张的手法，突出视觉重点。例如，可以设置不同的栏宽、添加几何图形、改变字号和色彩等，使版面看上去具有一定的新颖性。

◎ 举一反三

为了能让读者第一时间捕捉到标题，需要在细节上花心思，但不能过度设计。

方法1：将标题和正文分为两栏，加大标题字号并为其增加色彩，使之与正文形成强烈的对比。

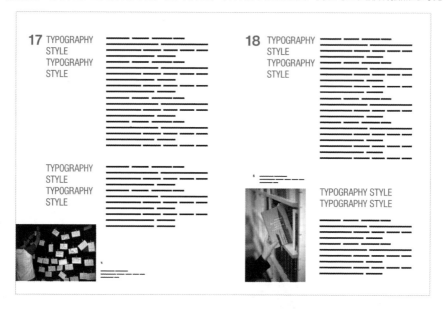

　　方法2：添加背景色，对文字进行反白处理，再对标题字体进行倾斜处理。这种区别于正文的排列方式，让版面既规整又具动感。

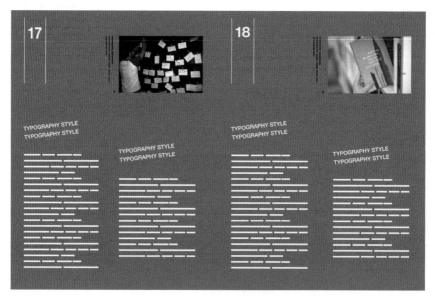

4.9 | 中英文结合的编排方式

在现代版式设计中，中文和英文结合的编排方式很常用。如何匹配中英文字体，将版面编排得好看，就需要深入了解不同的中英文字体。

4.9.1 中文与英文字体匹配

字体的笔画细节是决定字体功能的主要因素。字体清晰、整体协调是版面编排对字体的基本要求。中英文并置时，字体的外形、比例、重量决定视觉效果，只有字体搭配协调才能产生视觉美感，更好地诠释内容。

» 下图中，英文和中文字体均为无衬线字体，笔画协调，彼此呼应；英文为无衬线字体，中文为衬线字体，缺少字体关联性，会弱化整体感（红色斜线标注）。对比英文和中文字体结构局部可发现无衬线字体的特点（红色圆圈标注）。

iPad Pro
你的下一台电脑,何必是电脑。

~~**iPad Pro**
你的下一台电脑，何必是电脑。~~

» 当中文与英文结合编排时，一般中文字体的字号会比英文字体的大1~1.5点。

中文字体的结构和英文字体存在差异。英文的每一个字母所占的空间比例区别不大；而中文不同，笔画多就会过于饱满，笔画少就会有较多留白。中文字体有更严谨的结构，笔画的书写方式及粗细对比都有明确的规范。英文字体结构简单，笔画少，延展性更强。

黑体与Arial无衬线字体搭配

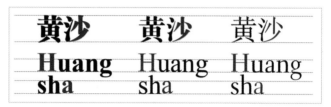

宋体与Times New Roman衬线字体搭配

4.9.2 中文与英文横排

中文与英文横排的方式很常用。中文的每个字都是独立的，具有各自的意义。英文的单词由多个字母组合而成，组成的单词有长有短。字母本身具有线条感，不规则的布局构成了一种视觉美感。汉字是方块字，形成的段落都是方方正正的，很难产生错落感。

4.9.3 中文与英文竖排

中文竖排是传统的排版方式，汉字的识别性不受排版形式的影响。为了避免阅读时串行，竖排行间距会比横排行间距大一些，所以中文无论是横排还是竖排都不易妨碍阅读。英文单词由字母组成，采用横排的方式更连贯，辨识度更高；采用竖排的方式不连贯，辨识度较低。竖排的英文主要用于标题，内文不宜竖排，否则会造成阅读困难。

版式显得单调枯燥时，可适当添加与文字内容匹配的图形符号。这些图形符号既与内文相关，又让版式多了些亮点。

案例分析:《城市公寓》宣传册内页设计

◎ **设计目的**

向在城市里奋斗拼搏的年轻人宣传温馨的城市公寓。

◎ **设计要求**

符合年轻人的审美,中文与英文并置,适当采用竖排的方式,提高注目率。

竖排未依据实际

重点宣传文字缺少律动感。中英文都采用竖排的方式,增加了阅读负担

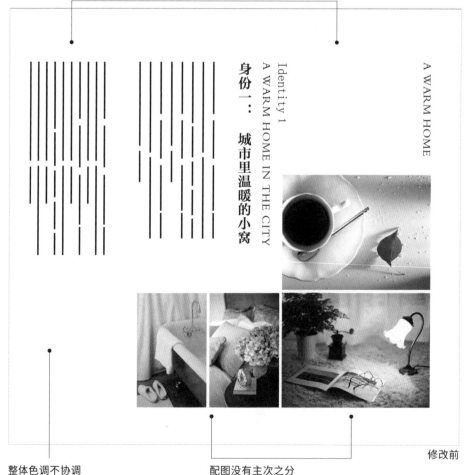

身份一:城市里温暖的小窝

Identity 1
A WARM HOME IN THE CITY
A WARM HOME

修改前

整体色调不协调

背景色太白,与暖色调的配图不协调

配图没有主次之分

配图过小,并且尺寸过于平均,不能长时间吸引读者的注意力

◎ 修改提示

填充背景色，使其与图片的色调统一，给人温暖舒适的感觉。

主要文字的色彩也应与版面的色调统一，丰富版面效果。

配图要有主次之分，主图作为视觉重心，其他图片作为补充。

修改后

◎ 改后说明

主要文字的色彩与版面的色调达到了统一。

竖排的中英文标题增添了阅读趣味。

大图占据版面的1/3，起到了稳定版面、吸引观者视线的作用。小图展示细节，使人更愿意阅读。

> **Tips**
>
> 英文的单词由多个字母组成，如果单词的数量少，可以竖排，不影响内容的阅读；如果单词的数量多，则不适合竖排，否则会给阅读增加负担。中文竖排时也应注意行间距，如果行间距过大，会影响文字的连贯性；如果行间距过小，读者阅读时容易看串行。

◎ 举一反三

中英文竖排需要据版面而定。如果英文标题较短，可以采用竖排的方式。为使竖排的中英文产生多种变化，也可以对尺寸进行调整。此外，添加一些设计元素也会使版面呈现不一样的效果。

方法1： 添加背景色，将中英文标题分别置于右侧和左侧，标题置于上方，正文置于下方，版面结构更具平衡性。

方法2： 添加背景色，中英文标题与文字穿插布局，让版面富有变化。

4.10 如何设计 纯文字版式

纯文字版式在图书设计中较为普遍，一些平面海报也会使用纯文字版式设计。对于设计师来说，在编排前先了解文本的内涵，才能更好地驾驭文字，设计出看好的版式。

4.10.1 依据版心的设置编排

版心是指版面上承载信息的区域。版心的大小以版心率衡量：版心率越大，承载的信息越多；版心率越小，承载的信息越少。

版心的大小并没有固定的标准，纸质媒介的版心大小根据页面数量设定。页边距不要设置得太小，以免在裁切制作过程中导致重要的信息被裁切掉。

在版心相同的基础上，改变文本在版心中的编排方式，也可以给读者带去不一样的阅读体验。

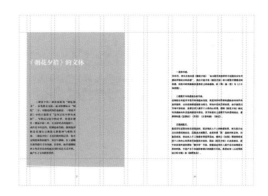

4.10.2 纯文字自由编排

　　纯文字的编排除横排和竖排两种方式外，还有自由编排方式，这种方式常用于文字较少的页面中。当文字较少时，文字就成为画面的形象要素之一，在编排上就要富有创造性。不同的字体随其大小、样式的变化，呈现出的效果也不同。

　　纯文字自由编排的根本目的是有效传达信息，表达设计的主题和理念。传达重点信息的文字不能有过多的变化，设计处理后的文字也应避免繁杂零乱。纯文字的自由编排设计不是简单而随意的设计，在设计过程中需要调动版面中的每一个设计元素，营造层次感。

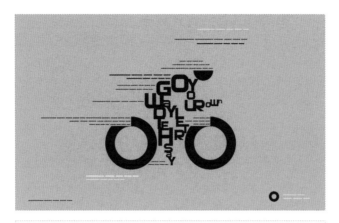

Tips

　　纯文字的自由编排是集艺术审美和技术思维于一体的平面视觉设计。文字的布局应符合版面整体的视觉要求，避免视觉上的冲突。

案例分析：杂志目录页设计

◎ **设计目的**

使读者能够通过目录快速查找相应版块，阅读感兴趣的文字内容。

◎ **设计要求**

各版块文字条理清晰，明显易读，页码标注准确。选用古朴典雅风格的字体。

整体文字混乱

目录字体不具备古朴典雅的特点。页码远离标题文字，使读者阅读效率降低，甚至产生紧张、疲劳的情绪

版面缺少层次

版面过于平面化，没有色彩的衬托，单调乏味，没有层次感

修改前

◎ 修改提示

将标题文字适当放大，填充沉稳的颜色。

拉近标题文字与页码之间的距离，便于读者快速找到需要的内容。

在合适的位置添加色彩，让整个页面更具层次感。

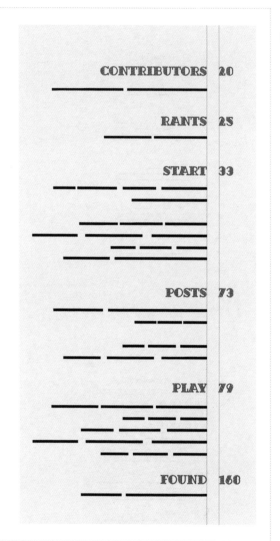

修改后

◎ 改后说明

文字采用复古衬线字体，符合设计要求。

页码对应标题，读者可以第一时间找到想看的内容。

整体文字位置偏右，整个版面呈非对称式设计，这样更能凸显标题文字，使查找对象一目了然。

Tips

在进行内容的编排时，首先要了解项目背景和具体设计要求。版面效果是否符合项目的定位，以及视觉重点是否突出，这些因素都要仔细考虑。

◎ 举一反三

在纯文字编排设计中，可以对字体的粗细、颜色进行变化，让整段文字呈现出不一样的视觉效果。

方法1： 将页码、标题、内文居中排列，以页面的中线为轴线，呈左右对称结构，让视线更集中。

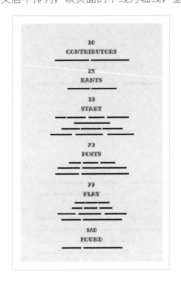

方法2： 发挥数字的装饰性作用，让页码与标题文字的比例产生强烈的反差，让读者迅速找到感兴趣的内容。

4.11 | 如何编排出 与众不同的文字

在版面的编排设计中，要表现出文字的独特性，使其起到吸引目光的作用，就需要设计师不断探索和总结字体设计的方法，让文字以多样的形式融入版面。

4.11.1 调整文字布局

不同的汉字，其结构特点不同。笔画少的汉字看起来更舒展，笔画多的汉字看起来更紧凑。英文字母本身具有几何图形的特性，延展性强。改变文字的字形或将文字错位排版，可以让文字展现得更生动有趣。根据文字形状、字号大小进行布局，可让文字具有图形的属性。

4.11.2 剪切文字笔画

如果文字的字形比较独特，会引发读者思考，从而延长阅读时间。为了达到这一目的，在进行文字编排设计时，要深入观察和仔细研究主要字体，并寻找其笔画的结构特征，在保证文字辨识度的前提下，有规律地裁剪文字笔画，营造与众不同的版面效果。

4.11.3 负形空间的图像化

无论是中文还是英文，都有字形轮廓。根据文字的字形，将图像融入字形，在保持字形轮廓不变的前提下，重新塑造负形空间，使版面效果新颖别致。

Tips

文字编排设计的与众不同，主要体现在海报、图书封面、包装、网页横幅广告等设计中。编排设计时，设计师需要了解字体的结构，否则无法设计出好看的字体。

案例分析：《营养膳食》海报设计

◎ **设计目的**

倡导科学饮食。

◎ **设计要求**

主题明确，图片精美，布局精巧。文字与图片融为一体，设计感强。整体版面色彩清爽，符合现代审美要求。

标题文字没有特色

重要主题字体平淡，没有特色，欠缺趣味，难以使读者产生阅读兴趣

背景色彩沉闷

版面背景色彩沉闷，无法勾起食欲

修改前

内容文字变化少

介绍食材的文字字体单一、色彩单调，不能使读者产生阅读兴趣

◎ 修改提示

将版面背景色调整为亲切温暖、能够诱发食欲的暖色调。

对标题文字进行处理，使其与画面更好地融合。

介绍食材的文字可以采用手写体，拉近与读者之间的距离。同时考虑色彩的变化，延长读者目光的停留时间，从而达到宣传的效果。

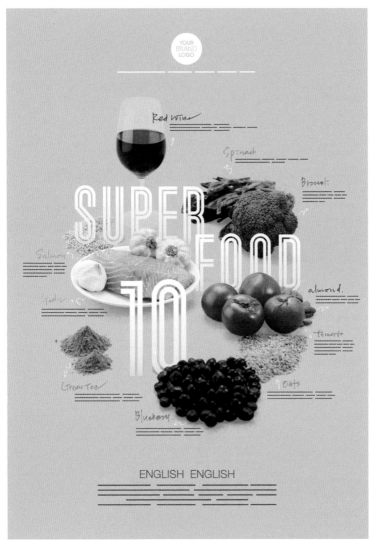

修改后

◎ 改后说明

温暖的色调增加了版面的亲切感，使读者更易理解和接受。

主题文字在版面上较突出，趣味性强，尤其是穿插在食材之间，更加生动有趣。

介绍食材的文字，其色彩与食材的色彩相对应，丰富多样，无形中增强了阅读体验。

> **Tips**
>
> 编排与众不同的文字时，要根据图片元素来表达主旨。文字和图片是构成版面的有机整体，相互作用。版面色调要符合现代审美习惯，不能与主题相冲突。

　　确定主要文字后，将这些文字提取出来，再结合图片元素进行表达。字母具有几何图形的特征，可利用字母的延展性，采用不同的方式排列。

　　方法1：强调数字，使图片元素与数字形状巧妙组合，让版面有图形化的特点。

　　方法2：利用字母和数字笔画填充负形空间，将图片作为装饰元素，丰富版面效果。

4.12 | 如何使文字具有图形化功能

文字是由图形转化而来的。现代人对于图形的理解更直接，所以在保证准确传递信息的前提下，可对文字进行图形化处理，使文字呈现出更强的表现力和艺术感。

4.12.1 汉字图形化

汉字的图形化处理可表现在书法字体上。对汉字进行图形化处理时，要保证其辨识度，否则会造成阅读障碍。

案例分析：《茶文化》海报设计

◎ **设计目的**

传递信息，宣传品牌的茶文化。

◎ **设计要求**

版面大气，品牌宣传恰到好处。设计需富有东方韵味和很强的艺术感。

标题字体普通

标题字体没有特色，缺乏韵味

版式平淡

版式均采用平行排列的方式，视觉效果平淡。留白处略显苍白，设计元素脱节，上下没有呼应

背景色灰暗

画面的色调灰暗，比较沉闷

修改前

◎ 修改提示

重新选择标题字体，让各元素之间产生关联。

更换整体色调，使其既具有东方特色，又能够引人注目。

修改后

◎ 改后说明

标题选择了具有东方特色的书法字体，并且采用传统的竖排方式，与其他元素穿插，形成戏剧性的冲突。

以醒目而独具东方特色的红色作为主色调，并且随着版式设计的变化，阅读时有从左上至右下的方向感。

Tips

留白时，要注意元素之间的关联，不能没有目的地随意留白。

◎ 举一反三

在现有设计元素不变的情况下，调整设计元素的顺序，变化背景或主要设计元素的色彩，得到的效果会截然不同。

方法1： 纯白色的背景让版面更清爽、整洁，文字更醒目，便于读者获取主要信息。

方法2： 增加背景色丰富视觉层次，所有信息居中排列，形式规整，信息集中，设计元素条理分明。

4.12.2 英文字母图形化

英文字母本身具有几何图形的特征，能够构成线性感很强的图形，在标题中常被使用。在设计时，除了可以对单独的字母进行图形化处理，还可以对连续的多个字母进行图形化处理，使其造型更丰富。

案例分析:《狂欢节》海报设计

◎ **设计目的**

面向年轻人宣传时尚活动。

◎ **设计要求**

设计自由奔放,色彩炫酷,使年轻人产生共鸣。

标题文字变化少

字母的图形化处理不明显,字体组合呆板,错落感不强

色彩单调

色彩单调,没有层次感

修改前

◎ **修改提示**

选择更具几何效果的主视觉字体，或进行字体设计，调整元素之间的排列方式。
增加暖色，使之与冷色形成对比，增强版面的视觉冲击力。

◎ **改后说明**

设计元素的排列方式新颖，标题字体的设计感强。

暖色的介入顿时给人一种青春奔放的感觉，层次也更加明显，从而能够吸引人阅读。

修改后

Tips

设计师平时可以多收集一些几何形状的元素，多进行相关的设计练习。只有多积累经验，才能在实战中设计出超乎想象的作品。

◎ 举一反三

字母的形式变化多样，可将主元素作为设计的主体，并采用不同的组合方式改变整体的结构，使其具有几何图形的特征。

方法1： 采用字母叠加的形式，营造梦幻的效果，增添神秘感。

方法2： 采用简约时尚的背景，在字母负形空间中融入天空元素，给人想象的空间。

05

第5章

图片的应用

5.1 | 如何让图片更好地
诠释文字

　　文字在整个设计中具有传递信息的功能，而图片可以使设计瞬间吸引人的眼球，继而传递文字信息。在设计图片时，设计师应充分理解文字的含义。

» 下面几张图中，主体与背景的色调统一，且紧扣文字内涵，给人一种轻松愉悦的感觉。图片设计与文字表述呼应，读者通过画面即可知晓内容。图片发挥了应有的作用，就是对文字很好的诠释。

案例分析:《春的问候》卡片设计

◎ **设计目的**

万物复苏,传递春的问候。

◎ **设计要求**

亲切、自然、清新,且具有季节性。

图片缺少设计感

设计中规中矩,没有春天的朝气

标题字体缺少装饰性

标题字体过于正式,起不到装饰作用。文字没有辅助图形的烘托,难以引起关注

修改前

色彩单一

画面色彩过于单一,略显单调,缺少视觉吸引力

◎ **修改提示**

添加草莓、草莓叶、小花等春季元素以衬托文字。

卡片的背景色彩偏清新、素净，并且文字说明以便签的形式出现，增添亲切感。

标题文字的颜色为代表春天的绿色，让整个版面充满生机。

◎ **改后说明**

在文字说明的版面上，为避免乏味，使用了图片充当装饰元素。

迷迭香叶和草莓叶与绿色的文字呼应，层次分明；草莓的红色尤为跳跃，可以吸引读者的注意力；素雅的小花增添了雅致的感觉。

修改后

Tips

如果画面的色调过于统一，会显得单调、乏味，因此可以增加一些对比强烈的元素作为点缀。但是不要添加过多，否则画面会显得凌乱。

◎ 举一反三

相同的元素采用不同的表现形式都能够对文字内容做出很好的诠释。多多尝试不同的版式，可以取得不一样的效果。

方法1： 增加背景色的层次，丰富版面效果。

方法2： 简化背景色，对标题文字进行倾斜处理，以强调文字内容。

5.2 | 如何利用图片增强 文字阅读感

在版式设计过程中，首先要考虑版面的节奏和信息的层级结构，这对于设计宣传画册、杂志、图书等多页面的内容尤为重要。而图片在把控节奏和结构上起着关键的作用，直接影响阅读效果。

5.2.1 图片要与内容产生关联

就版面整体关系、图片的应用功能而言，图片不能脱离文字独立存在。图片是版式设计的组成部分，因此，其形式、构图、色调、位置、大小和形状都与版面整体设计有关。图片需要与内容产生关联，通过图片吸引读者的目光，继而使读者浏览文字。

5.2.2 图片质量要高

在版式设计中，图片的质量直接影响设计的品质。如果一本时尚刊物缺少高质量的图片，那么读者的阅读感受就会大打折扣。耐看的版式设计才会吸引读者。

Tips
合理的图文组合不仅可以有效地传递信息，还能引发读者的情感共鸣。

案例分析：《购物中心手册》内页设计

◎ **设计目的**

介绍购物中心楼层分布、购物环境和导购信息。

◎ **设计要求**

设计风格高端、简洁，向客户展示舒适的购物氛围，带给客户不一样的购物体验。

装饰元素过多

版面装饰元素过多，显得杂乱，对客户查找信息造成干扰

修改前

版面失衡

版面虽然有留白，但是没有照顾整个版面的关系，有失重感

图片表现力弱

构图平淡，图片没有视觉冲击力，与文字的关联度不强

◎ 修改提示

重新布局，使主体文字与图片既有层次区分，又融为一体。

去掉烦琐的装饰元素，让版面更整洁。

统一色彩，符合高端、简洁的设计要求。

修改后

◎ 改后说明

图片与文字产生直接的联系，读者的目光会先被图片所吸引，然后移动到旁边的文字内容上。

装饰元素的去除使版面简洁大方，品质得到提升。

色彩的统一使阅读清晰、顺畅。

合理的留白可为读者提供舒适的阅读体验，符合设计要求。

Tips

　在设计时，要保持版面内容的协调统一，且每个设计元素的使用要合理，不能过度设计，否则会适得其反。

◎ **举一反三**

将图片始终置于醒目位置，再通过合理的布局，使其在有限的版面上呈现出不同的变化。

方法1： 兼顾版面两边的平衡关系，读者在看图片时，也会注意到文字。

方法2： 将图片适当放大，截取其局部主要内容横置于版面，这样图片的局部展示不仅让画面产生一种神秘感，也让文字内容更加醒目。

5.3 | 如何运用
不同风格的图片

根据划分标准的不同，图片分为很多风格。根据表现的形式不同，图片主要分为手绘插图、摄影照片和创意合成3种。根据画面意义的不同，图片主要分为描述性图片、表现性图片和意境性图片3种。任何形式和意义的图片，都应符合文字表述。

5.3.1 描述性图片的运用

描述性图片可以对众多信息进行表述和整合，向读者传递信息。在阅读过程中，读者不一定马上就能记住一些文字信息和元素，此时，选用描述性图片是一个很有效的设计手段。描述性图片可以突出重点、增强描述力，准确、快速地传递信息。

5.3.2 表现性图片的运用

在版式设计过程中，设计师可以利用图片的表现力创造强烈的视觉冲击力，使版面富有趣味。表现性图片能增强版式的表现力和感染力，提高信息传递的时效性。

5.3.3 意境性图片的运用

独特的图片在版式设计中可以起到画龙点睛的作用。运用意境性图片可以调动读者的想象力，让版式和读者产生互动，使信息得到更有效传递，也使版式更新颖。

案例分析:《新茶》海报设计

◎ **设计目的**

明确新茶的定位。

◎ **设计要求**

画面典雅,具有中国传统文化内涵,表现出简洁、高品位的审美观。

文字与主图未产生联系

文字与主图没有产生联系,排版方式欠考虑

修改前

元素使用不适合

虽然水墨元素具有中国传统文化内涵,但是图片质量欠佳,且用于品牌对外推广时有局限性

主体表现不明确

主体茶叶的表现不明确,主题表达有偏差。背景图片与主体没有联系

◎ **修改提示**

加强背景图片的表现力，使其更符合主题，并与主体元素融为一体。

围绕茶杯布局文字，让阅读更加自然、顺畅。

修改后

◎ **改后说明**

版面中作为背景的茶叶围绕茶杯向左右延伸，茶叶的清香顿时扑面而来。茶杯中的茶叶成为视觉主体，传达出了饮茶的愉悦感，促使读者产生购买欲望。

文字的布局简洁，竖向线条好似茶杯中徐徐飘出的茶香，使读者的目光最后定格在文字上。

版面完整，结构简洁，体现出这款茶叶的品质。

> **Tips**
>
> 在产品推广海报中，版面中各元素的设计应紧紧围绕产品本身，否则会产生歧义。图片的风格必须与推广主题有紧密的联系。

◎ 举一反三

图片具有指引功能，运用得好会起到很好的宣传效果。文字本身也是图形，具有结构美，适当突出文字会有意想不到的效果。

方法1： 图片占较大面积，以烘托主题，并且有视觉引导的作用，使读者的目光聚焦于文字之上。

方法2： 主题文字位于版面中心，使读者的目光集中在内容上。

5.4 | 如何利用图片让文字更具空间感

中国画技法中有一种叫"计白当黑",是指画面中黑色和白色所占的比例以相对平衡为宜。绘画中的留白可以给读者以遐想的空间。在版式设计中,我们把"白"理解为空间,在选择图片时也要有这种空间意识,要给版面留有一定的视觉空间,让有形与无形形成对比,使读者产生阅读兴趣。

5.4.1 图片为文字营造空间

图文结合能让版面产生空间感。版面空间犹如乐曲中的休止符,又似水墨画中的留白,不仅能让阅读产生节奏,还能让眼睛有休息的空间。

在版面空间中,可以通过创造性的思维为图片赋予意义,让读者产生阅读兴趣并愿意深入了解。

5.4.2 图片为文字平衡空间

在版面中,图片与其他元素相互融合,互为补充。所以设计师在考虑版面视觉中心的同时,也要考虑图片是否能与相关文字产生联系,达到视觉上的平衡,可以利用一些次要元素辅助版面达到平衡。

案例分析：《旅游》画册内页设计

◎ **设计目的**

分享不同人群的旅游故事，记录旅游达人的经历。

◎ **设计要求**

图文结合，以图片为视觉主体，吸引眼球。版面布局灵活，不拘一格，使读者看后对旅游充满向往。

图片和文字孤立

左右页内容脱节，文字与图片不对应

JIANZHU& FENGJING
建筑与风景

修改前

空间层次感弱

缺少空间层次感，融合度欠缺

产生阅读障碍

读者在阅读时会应接不暇，阅读体验不佳

◎ 修改提示

充分利用版面跨页的宽度将图片横向排列，使文字能够对应相关的图片。

图片的排列需有一定的节奏，以免产生阅读疲劳。

修改后

◎ 改后说明

图片和文字上下布局，内容诠释有了针对性。

文字段落间的间隔为眼睛提供了休息的空间，使读者在阅读时更轻松、顺畅。

> **Tips**
>
> 　　在以上画册版式中，色彩起到了至关重要的作用。运用色彩时，切忌繁杂，需留有一定的版面空间，且要符合版面内容和整体要求。

◎ 举一反三

版面的平衡能兼顾所有内容。强调版面中的某一部分，则可以吸引读者的注意力。

方法1： 左右页图片均衡排列，文字穿插其间，使读者的目光随图片移动，增强其记忆。

方法2： 放大主要图片，突出主次关系，使版面具有重点。

5.5 | 如何利用图片
减弱阅读枯燥感

当我们读到一本内容编排欠佳的书时，阅读的兴趣会大大减弱，那么这本书就失去了传递信息的价值。因此，版式编排尤为重要。

图片作为视觉语言，在版式设计中可以分割和装饰版面，让信息更清晰明了。图片放在版面的视觉中心，冲击力会很强，会让人产生强烈的心理反应，从而减弱阅读的枯燥感，并赋予版式美感。

Tips

图片的大小和数量会影响视觉效果。大图更容易吸引人的注意力，小图可以在版面中灵活摆放。

案例分析：《艺术展览》DM单设计

◎ **设计目的**

预告展览，利用变化的、富有美感的版面吸引读者阅读。

◎ **设计要求**

版面灵活多变，图片、文字布局合理且新颖，符合读者的阅读习惯，使读者产生阅读兴趣。

色彩单调

编排缺少变化

修改前

平淡，不能突出重点

◎ 修改提示

重新布局，使图片编排更灵活。
突出与展览相关的字母元素，使其成为醒目的图形，并赋予其鲜艳的色彩。

修改后

◎ 改后说明

图片的位置灵活多变，又不失统一感，减弱了阅读的枯燥感。

放大字母，并配以鲜艳的色彩，使其成为视觉焦点。

Tips
处理图片需灵活多变，赋予版面生命力。版面不应是静止的，而应是跳动的、有韵律的。

◎ 举一反三

多图片的版面采用不同的组合排列方式，能够呈现出意想不到的效果，聚集和分散的设计方法都可以尝试。

方法1： 放大主图，并将其置于视觉中心，其他元素围绕该图片布局。

方法2： 将图片集中排列，双色和单色交错，使图片产生跳跃感，从而达到醒目的效果。

5.6 | 整版图片和文字 如何调配

在版式设计中，整版图片会形成强烈的视觉冲击力，也会使阅读更顺畅。整版图片和文字的关系，会直接影响读者的第一印象。整版图片的呈现会使版面或庄重严谨，或喜悦兴奋，或忧郁伤感，从而拉近与读者之间的距离。

整版图片占据整个版面，是读者关注的焦点，因此图片的选择至关重要。首先图片要清晰，其次图片要与文字内容统一，脱离文字，再漂亮的图片都没有意义。

图片能够打乱文字排列的秩序，因此以图片作为视觉中心，是很有效的设计方法。文字内容的编排会随着图片中形状与色彩的变化而变化，二者相互作用。

Tips
在版式设计中，图片的作用越来越大，有时文字仅作为辅助元素出现，但是添加文字可以使图片传递的信息更丰富。

案例分析：《时尚生活》画册内页设计

◎ **设计目的**

倡导时尚生活，引领时尚潮流。

◎ **设计要求**

色调清新，彰显年轻律动的生活气息，符合年轻人的审美要求。

呆板的灰色色块

灰色色块破坏了图片的完整性

文字孤立

图片脱离了文字，导致阅读不顺畅

修改前

版面局促

文字将版面割裂，阻碍了人物的行进

◎ **修改提示**

根据图片中元素的形状布局文字，使其融于图片。

合理利用图片空间，让版面更有节奏感。

FUSHI
GONGYU
复式
公寓

FUSHIGONGYU

15

修改后

◎ **改后说明**

　　版面中楼梯的造型打破了图片的稳定性，楼梯侧面为文字预留了天然的版面位置。

　　文字根据楼梯上升的走势布局，与画面巧妙地融合，让阅读有节奏感。

　　律动的文字和动态的人物让版面达到平衡，版面空间得以合理利用。

Tips

　　在版式设计过程中，设计师需注重整版图片中元素的造型，合理运用这些元素的特点来编排文字。

◎ 举一反三

整版图片作为背景时，应注意留白，为文字留出位置。根据图片中元素的特点编排文字时，既要保证图片的完整，又要保证文字内容的阅读顺畅。

方法1： 将主要文字置于视觉中心，这样既不会破坏画面，又能使文字与图片元素相呼应。

方法2： 顺应图片中元素的运动轨迹，对文字采用块面的排版方式，随着楼梯的走势布局。

5.7 | 如何让多图片版面 具有秩序感

在版式设计过程中，有时需要对多张图片进行编排。这时我们不要急于动手，应先根据文字内容进行信息的层级处理和区域划分，再合理编排。

5.7.1 有规律的多图片编排

在进行多图片编排时，可以统一图片规格，并将其按一定规律进行排列。虽然这种版面整齐清晰，但是容易缺少变化，一般在单个页面设计中会有很好的效果。在设计多个页面并且图片较多时，不建议使用这种方法，否则版面会显得单调、乏味。

5.7.2 灵活多变的多图片编排

不同尺寸且差异明显的图片更容易吸引人的注意，其原因在于它可以让整个版面产生节奏变化。因此，要合理调整图片的大小，把图片的主次关系和层次感体现出来，让版面更具张力。

将色块与图片结合，既有变化和修饰的作用，又有信息引导的作用。图片与色块的组合可以丰富版面，吸引读者，使版面保持统一。

Tips

图片在版式设计中占有很大的比重，改变图片的形状可以让版面在视觉上更丰富。

案例分析：《新茶》宣传册内页设计

◎ **设计目的**

阳光是植物生存的必要条件之一，阐明植物在一天中不同时间段发生的光合作用对自身生长产生的影响。

◎ **设计要求**

利用网格增强版面元素的节奏感。色调要清新，以增强阅读兴趣。

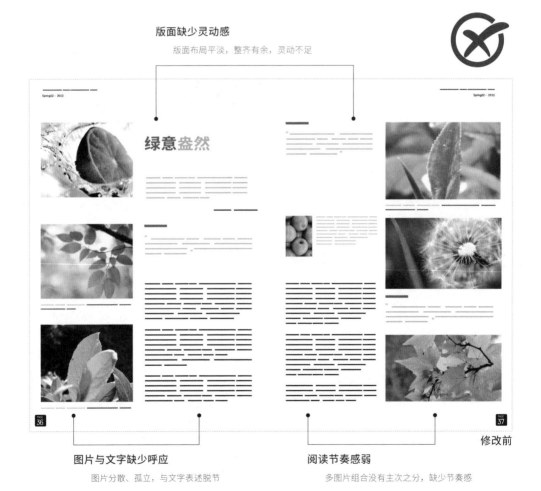

版面缺少灵动感

版面布局平淡，整齐有余，灵动不足

图片与文字缺少呼应

图片分散、孤立，与文字表述脱节

阅读节奏感弱

多图片组合没有主次之分，缺少节奏感

修改前

◎ 修改提示

　　重新组合版面中的图片和文字。根据主次关系将多张图片重新布局，并根据版面情况对图片进行适当剪裁，再将剪裁后的图片和与其搭配的文字表述置于恰当位置。

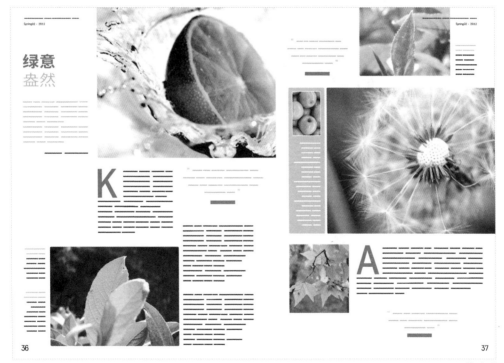

修改后

◎ 改后说明

　　将图片视为色块，并结合文字色彩统一版面的色调，给读者带来舒适感。

　　图片大小不一而又遵循一定规律的布局让版面更显灵动。

> **Tips**
>
> 　　在对多张图片进行编排时，需要打破整齐划一的固定思维。在不违背整体色调和风格的前提下，可灵活改变图片的大小和形状。

◎ 举一反三

多变的图片组合，加上合理的文字布局，可以让版面更有秩序感，给读者带来舒适的阅读体验。

方法1： 主标题与主图放置在版面的起始位置，突出醒目；次要图片与对应文字组合，整齐有序，阅读顺序明晰。

方法2： 图片带动文字编排，使文字集中体现，可增强阅读舒适感。而且这样设置版面既显得规整，又不失节奏感。

5.8 | 如何让图片与文字互为依托

　　图片与文字作为信息传递的两种方式，各有优劣，只有将二者结合才能提高信息传递的有效性。设计师可以对图片中的图形元素加以提炼，使其与背景形成鲜明的层次关系，形成独立的图形；也可以对文字进行图形化处理，并将其附着于图形元素中，使其成为图片的一部分。图形与文字相辅相成，使内容更有趣，版面更显形式美。

案例分析:《洁具》画册内页设计

◎ **设计目的**

突出洁具产品的时尚性和功能性,面向年轻群体推广洁具产品。

◎ **设计要求**

符合产品特性,版面整洁。介绍性文字与产品图片互为补充,不脱节。图片造型具有动感,符合年轻群体的审美。

风格不符合设计要求

图片的造型缺乏动感,版面不够整洁

简洁现代的洁具

修改前

图片布局稍显平淡

图片作为整个版面的背景,稍显平淡

文字被弱化

介绍性文字置于图片上,不够清晰和醒目

◎ 修改提示

将产品作为图片的视觉中心。

赋予图片趣味性、戏剧性的轮廓。

介绍性文字顺着图片的轮廓排列，让文字更清晰、醒目，继而吸引读者浏览。

简洁现代的洁具

修改后

◎ 改后说明

主题文字与想要表现的产品融为一体，有趣的图片轮廓增强了版面的趣味性。图片与文字之间相互协调，彼此呼应。

> **Tips**
> 在设计画册的版式时，如果需要提高图片的注目率，采用有创意的表现形式很重要。

不论是改变图片的形状，还是增减设计元素，新颖的图片表现形式都会大大增加读者的阅读兴趣。

方法1： 改变图片原有的形状，适当裁剪，制造动感，突出产品，再结合文字编排，产品就能被进一步凸显。

方法2： 展示产品的特写，可以呈现出不一样的版面效果。

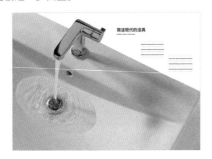

5.9 | 如何妙用 裁剪后的图片

在版式设计中，图片有多种呈现形式。根据设计的需要，有时会对图片进行裁剪，以获取新颖的表现形式。这种方式有助于增强版面的生动性，增加阅读兴趣。

5.9.1 几何形状裁剪

图片的形状影响着版面的视觉效果。将图片裁剪成矩形、圆形或多边形等几何形状，能使信息的传递更加清晰、准确。

» 矩形的图片能让整个设计显得简洁而精致，规矩而大气。将多张大小不同的图片放置在版面中，能增强画面的感染力，使版面显得规整。如下面两张图所示。

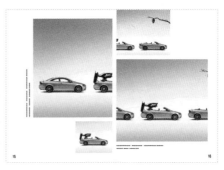

» 圆形的图片具有亲切、柔和的美感，可以增强画面的节奏感，如下图所示。

» 多边形的图片充满趣味，能让版面极具表现力。将多个多边形图片错落有致地排列，可以让版面更有律动感，如下图所示。

5.9.2 图片轮廓裁剪

对图片轮廓进行精心裁剪，可以增强版面的律动感，打造富有变化的版面效果。

Tips

图片的裁剪方式不同，版面所呈现的效果也不同。裁剪图片可以改变视觉中心的位置，去除图片中无关紧要的元素，让读者将视线聚焦到感兴趣的内容上。

案例分析:《农场》画册内页设计

◎ **设计目的**

介绍规模化农场,展示从传统农场到现代化农场的发展过程。

◎ **设计要求**

版面设计以农业为主题,恢宏大气,不琐碎。

结构布局简单
采用单张图片

修改前

文字集中
文字集中在一侧,未与图片产生关联

图片缺少变化
将农场图片作为主体元素,缺少细节,过于单调

◎ **修改提示**

可以对图片进行合理裁剪，将一张图片分割为几块，在变化中求统一。
文字随图片的位置进行布局，与图片相呼应。

修改后

◎ **改后说明**

利用分割的图片提高注目率，统一的画面又使几张图片合而为一，形成一个整体。

图片右下方的裁切能体现出戏剧性，利用网格设计原理让右下角的文字与左上方的文字相呼应，使版面趋于平衡，真正做到了简洁、变化、完整、耐看。

Tips

想让单一的图片变得耐看，就要在不破坏统一性的前提下大胆裁切图片，使其呈现不一样的视觉效果。

◎ 举一反三

图片经过精心的裁剪处理后，能够使版面更有趣味性。加之文字的烘托，版面内容丰富且更具设计感。

方法1: 对主体图片进行裁剪并横放，会显得版面更宽广。将文字融入画面，与图片产生碰撞。

方法2: 将主图一分为二，通过文字将图片的两个部分衔接起来，使读者的视线自然地从文字移动到图片上，加强了文字与图片的关联性。

5.10 | 如何利用图片 增强版面趣味性

图片的巧妙设计使版面充满趣味，也能对所传递的信息起到画龙点睛的作用。

图片在版面上以形、色、体的形式呈现，它们的位置、大小和表现形式决定了版面的层次和信息传递的效果。在符合视觉审美原则的前提下，图片的位置可以使版面在视觉上达到平衡，图片大小的对比会使版面富有节奏感，图片的表现形式直接影响读者的阅读体验。

» 手绘插图一般用于表现一些理想化、艺术化的对象，表现手法多样。手绘插图运用在版面中，会给读者以艺术化和个性化的感受，如下图所示。

» 合成图片属于创意性图片，赋予了图像深刻的内涵，呈现出一种"意于形中"的效果，如下面几张图所示。

案例分析: 《环保袋》海报设计

◎ **设计目的**

倡导绿色购物，增强读者重复利用购物袋的环保意识。

◎ **设计要求**

展示绿色环保理念，设计元素有趣味和亲和力，易于理解和接受。

图与字的关系欠考虑

文字和图片的关系处理得比较随意

背景层次不分明

整体版面元素缺少连贯性，层次不分明，淡色背景没有凸显宣传主体

图片效果欠佳

图片效果欠佳，造型感不强

修改前

◎ 修改提示

添加深色背景衬托浅色环保袋，使环保袋成为视觉主体，便于识别。
对设计元素进行图形化处理，使画面产生趣味。
使图片与文字产生关联，指明阅读顺序。

修改后

◎ 改后说明

将植物转换为手绘图形，让画面更自然且富有变化，使接下来的阅读更为自然。

Tips

在设计公益海报时，应添加诙谐、有趣的内容，以增强版面的趣味性。

◎ 举一反三

图片作为视觉焦点，可以以不同的表现手法来展示，但注意不要忽略文字。生动有趣的图片有引导阅读的作用。

技巧1： 强化版面层次，使用鲜亮的绿色烘托环保袋，使要传达的理念更加明确。

技巧2： 图片与文字左右分布，其中字母竖排引导读者自然读取文字内容，带给读者轻松的阅读体验。

06

第6章

色彩的应用

6.1 | 如何制订 配色方案

可以从图片中获取配色灵感，直接对颜色进行取样。图片应尽量选择色调有变化且明暗对比鲜明的，黑白色或低对比度的色调会使图片显得灰暗。在制订配色方案时，先确定图片的主要颜色，然后确定图片的次要颜色。

» 主要颜色在图中的面积占比比较大。在下图中，我们可以看出不同纯度的蓝色占比大，分别是天空、海面和桥体的颜色，次要颜色在图中的面积占比比较小；不同纯度的橙色占比小，但处于醒目的位置，是与主要颜色对应的颜色，通常会应用在局部元素上。

次要颜色和主要颜色互为对比色，反差强烈。次要颜色在设计中有强调的作用，如果想要突出版式设计中的某个元素，就可以使用对比色。

互补色就是在色轮上位置刚好相对的颜色，如红色和绿色。如果原本的次要颜色与主要颜色的对比不明显，还可以直接从色轮中选择次要颜色，制订新的色彩方案。

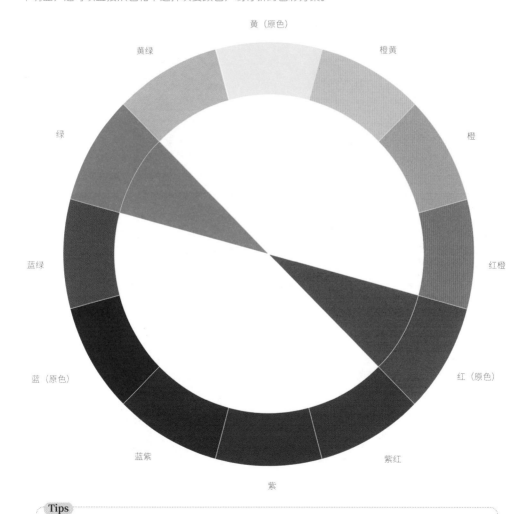

黄（原色）

黄绿　　　　　　　　　　　　橙黄

绿　　　　　　　　　　　　　　　橙

蓝绿　　　　　　　　　　　　　　红橙

蓝（原色）　　　　　　　　　　红（原色）

蓝紫　　　　　　　　　　　　紫红

紫

Tips

版式设计中，色彩的运用灵活多变，但要始终保持整体色彩的和谐，做到色调统一。

案例分析：《化妆品》海报设计

◎ **设计目的**

介绍新品口红，满足不同女性对色彩的偏好。

◎ **设计要求**

色彩柔美，表现形式大胆，突出不同口红的色彩个性，具有一定的视觉冲击力。

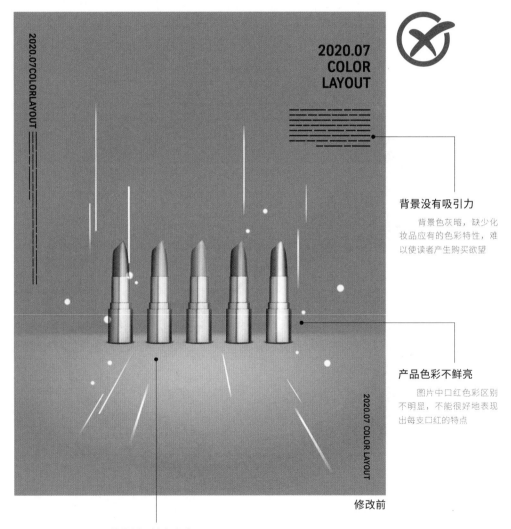

背景没有吸引力

背景色灰暗，缺少化妆品应有的色彩特性，难以使读者产生购买欲望

产品色彩不鲜亮

图片中口红色彩区别不明显，不能很好地表现出每支口红的特点

修改前

整体版面缺少亮点

版面设计没有闪光点，不吸引人

◎ 修改提示

改变版面背景色，展现柔美温馨的效果。
对口红的色彩进行调整，强调产品原色。
强化烘托产品的辅助图形，使版面更具设计感。

修改后

◎ 改后说明

背景色轻柔、雅致，让版面空间有立体感。

口红的色彩经过调整后，鲜亮而具有吸引力。

与口红对应的色块增强了产品的个性，在版面上成为强烈的视觉符号。

Tips

在设计产品推广海报时，需要考虑色彩是否符合该产品的特性，并且不能弱化产品本身的色彩，这样才能对消费者产生吸引力。

◎ 举一反三

视觉主体不仅可以通过背景色来烘托，还可以通过在版面中添加必要的辅助元素来衬托。辅助元素的颜色在纯度和明度上应与主色调相融合。

方法1：添加颜色符合主色调的辅助元素，使版面中各元素的色调统一。注意辅助元素位置的合理设置，以便更好地衬托视觉主体。

方法2：淡化背景色，与主体元素拉开层次，以此弱化辅助元素的颜色，使主体元素的颜色更加鲜明。

6.2 | 如何使用
色轮

每一种颜色都会与其他颜色产生联系，我们可以通过色轮明确颜色之间的联系。

6.2.1 色轮的形成

有光才会有颜色。白光包含了七种色光，其中红色、橙色、黄色、绿色、蓝色和紫色是6种基本的可见光区域的颜色，这6种颜色又可以细化为12种颜色，12色色轮呈现的就是这12种颜色。色轮可以让各个颜色之间的关系一目了然。

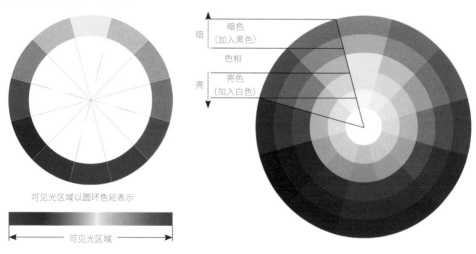

可见光区域以圆环色轮表示

可见光区域

6.2.2 色彩基础

色轮由12种基本的颜色组成，包含了色彩三原色，即红色、黄色和蓝色。间色是两种原色混合而成的颜色，复色是用任意两种间色或3种原色混合而成的颜色。

> **Tips**
> 红色、黄色和蓝色是色轮中所有颜色的基础，其他颜色都是由色彩三原色衍生而来的。在色轮中，只有红色、黄色和蓝色这3种颜色是独立存在的。

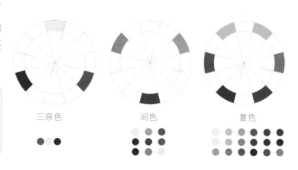

三原色 间色 复色

色彩会给人带来不同的冷暖感受。例如，红色、橙色和黄色偏温暖，具有暖色的属性；绿色、蓝色和紫色偏清冷，具有冷色的属性。

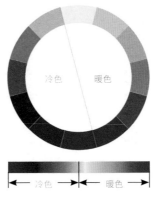

色轮上成180°角的两种颜色互为补色，互补色具有强烈的对比效果，颜色反差大，可传达出活力、能量和兴奋等含义。色轮上相距120°~180°的两种颜色为对比色。对比强烈的颜色反差大，具有独特的表现力。

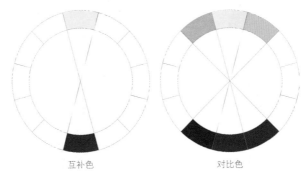

互补色   对比色

同类色指色相性质相同，但色度有区别的颜色。同类色之间对比度低，具有和谐统一的美感。邻近色是色轮上相隔3个位置以内的两个颜色，彼此接近。邻近色是具有一定对比度的颜色，色调和谐统一。

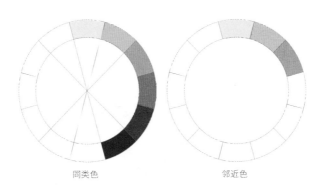

同类色   邻近色

6.2.3 色彩组合

　　不同的色彩组合会产生不同的效果，合适的色彩组合可以为设计带来冲击感。色彩组合分为原色组合和间色组合两种。

　　原色组合构成的设计非常醒目、耀眼，例如红色和黄色的搭配、红色和蓝色的搭配、黄色和蓝色的搭配。这些颜色在搭配时需要注意面积的分配，搭配得当会使画面赏心悦目，反之则会产生视觉冲突感。

　　间色能够轻易形成协调的色彩搭配。3种间色同时出现，会让人觉得很舒适，色调层次也很丰富。间色组合同时具有色彩空间的深度及广度，这一优点是其他色彩组合不具备的。

案例分析:《城市高尔夫球场》海报设计

◎ **设计目的**

引领运动消费新模式,推广城市高尔夫球运动。

◎ **设计要求**

连接高尔夫球运动与城市,整体色调体现运动的轻松感,吸引更多人参与高尔夫球运动。

字体缺少变化

文字编排简单,字体生硬,缺少变化,且颜色过于鲜艳,与主题不符

色彩搭配生硬

紫色与黄色搭配略显生硬,彼此孤立,缺少联系

修改前

色彩制造视觉障碍

画面没有体现高尔夫球运动的轻松感,反而增加了紧张感

◎ 修改提示

画面的主色可以从图像中获取，两者之间产生呼应，既传递主题信息，又不失整体感。

修改后

◎ 改后说明

文字与色块的色彩均源于图像本身，形成同类色与邻近色。

绿色的间色与图片相呼应，符合色彩搭配原理，彼此之间和谐统一，整个画面定义了城市时尚休闲运动，也符合受众群体的高雅品位。

Tips

想让版面给人舒适的感受，色彩的搭配十分重要，因为色彩是读者第一时间就能捕捉到的信息。合理利用色彩之间的关系进行恰当的设计，可以提升设计品位。

◎ 举一反三

不同的色调会带给读者不同的感受，运用差异化的色调会产生不一样的视觉效果。

方法1： 整体呈暖色调，橙色与绿色搭配自然。体现主体色彩倾向的文字编排得当，使版面各元素的色彩更统一。

方法2： 绿色的版面给人安静舒适的感受，辅助元素与图像在色彩上相融合，主题表达明确，结构清晰。

6.3 | 如何从相关领域 提取色彩

不同领域的设计师都有处理色彩问题的经验。室内设计师利用色彩协调空间，产品设计师根据功能定义外观色彩，版式设计师运用色彩调和二维版面。我们可以从相关领域的作品中提取色彩，以更好地解决在版式设计中遇到的色彩问题。

6.3.1 从摄影艺术中提取色彩

好的摄影作品都有其独特的色彩。从摄影作品中提取相关色彩应用到设计中，得到的版面效果会更有个性。

» 下图中高纯度、高明度的色彩组合营造出新颖时尚、格调清新的版面，符合当下的审美要求。纯度越高，画面越清爽；明度越高，安静、温和的感受越强。

雅致 雅致 **雅致** 雅致

C:52 M:62 Y:0 K:0
C:39 M:42 Y:0 K:0
C:78 M:47 Y:25 K:0
C:34 M:0 Y:4 K:0

» 高端感、品质感往往与古典印象相关。下图中的色彩以暗色为主，展现色相的对比效果，营造怀旧感。

复古 复古 **复古** 复古

C:27 M:86 Y:54 K:0
C:0 M:41 Y:37 K:0
C:70 M:71 Y:78 K:41
C:33 M:37 Y:53 K:0

» 暖色系色彩一般具有跳跃感，常作为烘托氛围的颜色。下面这张摄影作品中，雄狮的鬃毛和面孔在黑色背景的衬托下显得异常威风。

狂野 狂野 **狂野** 狂野

C:81 M:84 Y:89 K:72
C:56 M:59 Y:65 K:5
C:64 M:70 Y:76 K:30
C:25 M:49 Y:80 K:0

6.3.2 从绘画艺术中提取色彩

绘画艺术中使用的色彩常常充满个性。不论是写意的墨色互溶，还是印象派的色彩光影，都表现了色彩的魅力。从绘画艺术中提取色彩，可以为版式设计提供无限可能。

宋代宫廷绘画大胆运用色彩来描绘自然主题，从而呈现出一种美丽、惊艳的效果。尝试在设计中应用类似的单色，可以创造出富有文化底蕴的作品。

欧洲后印象派艺术家倾向于使用生动的色彩，打破人们对色彩认知的局限。文森特·威廉·梵·高（Vincent Willem van Gogh）作品中的冷色调和对夜空戏剧化的描绘是后印象派思维的光辉典范，明黄色、浅蓝色、深蓝色和深紫色的搭配，营造出了一种空间感。

巴勃罗·毕加索（Pablo Picasso）等现代主义艺术家用全新的方式诠释色彩，表现艺术。这些艺术家结合了情感色彩和表现主义形式，重新定义色彩，尝试从新的层面和角度看待艺术。

现代 艺术

C:4 M:98 Y:100 K:26
C:70 M:0 Y:39 K:0
C:61 M:0 Y:66 K:0
C:10 M:2 Y:81 K:0

古典 艺术

C:76 M:60 Y:87 K:31
C:74 M:41 Y:83 K:0
C:62 M:61 Y:97 K:19
C:37 M:19 Y:58 K:0

后印象派

C:98 M:86 Y:35 K:0
C:82 M:43 Y:18 K:0
C:65 M:2 Y:13 K:0
C:11 M:16 Y:62 K:0

Tips

尝试研究其他艺术领域的作品风格，借鉴别人的色彩表现手法，有助于设计风格的多样化表达，形成个性化的色彩设计。

案例分析:《湖景别墅》海报设计

◎ **设计目的**

宣传别墅,让人们感受到别墅生活的舒适。

◎ **设计要求**

画面处理有艺术性,借用其他艺术形式表现设计元素,新颖别致,艺术感强。

文字排版缺少变化

文字排版单一,没有体现该项目的品质,难以打动目标客户

色彩没有节奏感

版面设计缺少变化,色彩运用没有节奏感,图片设计感不强

修改前

◎ **修改提示**

版面中具象的图片可换成有艺术感的插画，并加入水彩的晕染效果。将湖水塑造成抽象的图形，使之产生韵律感，与天鹅、鱼等元素结合，体现项目的品位和独特性。

文字与插画相配合，有效传递客户所需信息，更准确地锁定目标客户。

◎ **改后说明**

将插画与绘画技法相结合，造型别致，从而引起关注。

用不同的色彩表现肌理效果，给予读者视觉上的满足感，使读者有意识地读取文字内容。

修改后

> **Tips**
>
> 现成的照片固然很美，但缺少变化，因此，设计师需要考虑其他方案。视觉领域的表现手法和技巧都可以灵活运用到版式设计中，增加版面的变化。

借鉴其他艺术形式的表现技巧，并结合版面结构进行文字编排，能让主体元素更加耐看。

方法1：水墨笔触给人洒脱、豪放的感觉，同时笔触的边缘处理随意，没有生硬感，这种表现技巧结合书法字体呈现出的效果很好。

方法2：使用不同色相和明度的颜色表现水波，让版面既有层次感，又有插画的效果，十分新颖。

6.4 | 如何从大自然中获取色彩

大自然色彩缤纷，即使同一处，在不同的时间也会呈现出不同的色彩。在版式设计过程中，从大自然中获取配色灵感是很便捷和实用的方法。

6.4.1 从光线变化中获取色彩

色彩是大自然客观存在的一种物理现象。在光的作用下，景物呈现的色彩会发生改变。

清晨的湖边以蓝色为主色，清晨的光线柔和舒适，空气清爽怡人，大自然焕发出勃勃生机。

C:100 M:100 Y:57 K:26

C:77 M:54 Y:18 K:0

C:56 M:18 Y:17 K:0

正午时分，光线充足，稻田在阳光的照耀下呈偏暖的绿色色调。大面积的同色系色彩降低了色彩间的对比度。

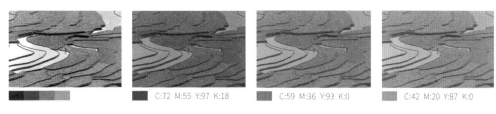

C:72 M:55 Y:97 K:18   C:59 M:36 Y:93 K:0   C:42 M:20 Y:87 K:0

黄昏时分，阳光温暖，景物整体呈现偏暖的黄色色调。

C:45 M:95 Y:100 K:14   C:20 M:64 Y:91 K:0   C:2 M:13 Y:25 K:0

Tips

在一天中的不同时刻，景物在自然光线下所呈现的色彩具有冷暖的特征，早晨偏冷色，傍晚偏暖色，正午偏中性色。

6.4.2 从自然景物中获取色彩

大自然的色彩总是缤纷多样的，而我们总是喜欢通过色彩搭配获得高级的格调。自然界的景物有着各自的色彩表现，且景物的色彩组合能很自然地吸引我们的注意力，而我们并不会觉得突兀，这可能就是大自然的力量吧。

C:89,M:83,Y:76,K:66   C:50,M:100,Y:65,K:12   C:50,M:98,Y:90,K:26

C:86,M:64,Y:81,K:41   C:33,M:86,Y:43,K:0   C:40,M:79,Y:49,K:0

C:73,M:65,Y:60,K:15   C:27,M:56,Y:26,K:0   C:79,M:63,Y:98,K:41

C:60,M:49,Y:47,K:0   C:19,M:32,Y:6,K:0   C:34,M:41,Y:70,K:0

Tips

色彩是版式设计中能够凸显文化内涵和情感的元素符号。色彩往往源于大自然和生活，需要我们善于观察和发现。

案例分析:《儿童自然知识》网站首页设计

◎ **设计目的**

面向5~12岁儿童普及自然知识,教育儿童从小保护大自然。

◎ **设计要求**

网页适合儿童观看,便于儿童理解,以插图的形式展现。整体色调符合儿童的感知习惯。

字体缺少活泼感

标题文字的字体过于严肃,不利于儿童阅读。标题颜色与主体图形颜色差异大,没有做到协调一致

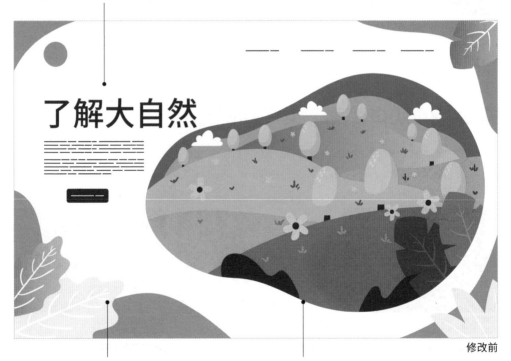

修改前

层次不明晰

辅助元素未与主体图形产生呼应,没有层次感

图形颜色杂乱

颜色杂乱无章,相互冲突,色调不统一,不能让版面产生整体感

◎ 修改提示

从大自然中获取色彩，并通过纯度和明度的区分，使颜色产生层次感。

辅助元素作为主体图形的补充。

标题字体的设计要符合儿童的喜好，并且标题颜色也要与整体色调保持一致。

修改后

◎ 改后说明

蓝天、草地、山峦和树木层次分明，并且通过颜色纯度的变化使景物呈现出近大远小的空间感。

主体图形和辅助元素不能分离，要统一在同一色调中。儿童在看到喜爱的字体、合适的颜色时，会产生更大的阅读兴趣。

> **Tips**
>
> 不论设计什么版面，颜色的使用不能混乱，因为颜色影响阅读体验，并且选择的颜色和设计元素要适合目标人群。

◎ 举一反三

网站首页的颜色根据儿童的心理特征来选择，同时要符合所阐述的内容主题，呈现出层次分明、轻松活泼的版面效果。

方法1：主体图形的颜色纯度降低，不影响层次关系。辅助元素颜色的明度提高，采用颜色叠加的方法让局部产生变化。

方法2：提高画面局部颜色的纯度，使其产生跳跃感。在不影响版面协调性的情况下，着重表现图形与色彩之间的层次感。

6.5 | 如何制造色彩情感

不同的色彩具有不同的意象特征，会给人不同的心理感受。例如，红色给人温暖、热情的感受，蓝色给人忧郁、深沉的感受。

6.5.1 热情温暖感

暖色系的色彩会使人感到温暖。红色、橘红、橘黄和黄色是热情奔放的色彩，能给人留下深刻的印象，激发人内心的情感，容易使人产生冲动的情绪。纯度越高，色彩越醒目，并且所占的面积越大，其视觉冲击力越强。

C:6,M:21,Y:73,K:0

C:31,M:97,Y:100,K:0

热情 温暖

C:58,M:100,Y:100,K:52

热情 温暖

C:93,M:88,Y:89,K:80

C:0, M:9, Y:28, K:0

C:7, M:66, Y:87, K:0

C:39, M:100, Y:100, K:5

C:62, M:90, Y:100, K:56

C:3, M:7, Y:23, K:0

C:6, M:18, Y:67, K:0

C:10, M:60, Y:24, K:0

C:32, M:85, Y:100, K:0

C:17, M:7, Y:62, K:0

C:18, M:42, Y:29, K:0

C:41, M:100, Y:100, K:7

C:59, M:100, Y:100, K:56

6.5.2　尊贵典雅感

　　想要呈现尊贵典雅的感觉，可以在版面中融入明度较高的灰色调。这种灰色调可以给人以舒适的视觉感受。

C:9, M:22, Y:34, K:0

C:24, M:43, Y:62, K:0

C:46, M:63, Y:67, K:2

C:86, M:89, Y:66, K:53

C:14, M:11, Y:10, K:0

C:59, M:59, Y:65, K:11

C:92, M:65, Y:53, K:12

C:77, M:70, Y:72, K:38

C:15, M:6, Y:20, K:0

C:35, M:25, Y:41, K:0

C:89, M:80, Y:49, K:13

C:69, M:96, Y:57, K:24

6.5.3 浪漫温柔感

　　某些色彩能给人以温柔的感觉。表现女性题材时，可以使用粉色、紫色等较浪漫的颜色。柔和的粉色系和紫色系色彩，配合白色进行表现，能使女性的柔美进一步得到体现。这两种色系的色彩经常在表现浪漫温柔感的版式设计中出现。

C:4, M:20, Y:3, K:0

C:16, M:66, Y:7, K:0

C:51, M:39, Y:6, K:0

C:70, M:46, Y:7, K:0

C:7, M:13, Y:11, K:0

C:6, M:40, Y:11, K:0

C:14, M:71, Y:13, K:0

C:25, M:90, Y:43, K:0

C:94, M:97, Y:48, K:19

C:66, M:83, Y:16, K:0

C:44, M:65, Y:7, K:0

C:34, M:94, Y:36, K:0

6.5.4 清新爽快感

　　想要表现清新、清爽的色彩效果，可以使用冷色系色彩。明度高的冷色带给人健康、明快、清爽的视觉印象，在对绿色食品等进行产品包装设计或宣传推广时经常会使用这种色调。

C:83,M:51,Y:15,K:0

C:38,M:13,Y:9,K:0

C:54,M:6,Y:86,K:5

C:82,M:57,Y:98,K:29

C:12,M:6,Y:4,K:0

C:26,M:13,Y:8,K:0

C:63,M:41,Y:27,K:0

C:82,M:69,Y:31,K:0

C:25,M:11,Y:3,K:0

C:40,M:21,Y:5,K:0

C:33,M:4,Y:69,K:0

C:81,M:55,Y:84,K:21

C:12,M:6,Y:7,K:0

C:40,M:23,Y:20,K:0

C:80,M:56,Y:43,K:0

C:93,M:84,Y:70,K:56

案例分析：《夏日之旅》海报设计

◎ **设计目的**

引导消费者享受夏日度假生活。

◎ **设计要求**

明确主题，文字编排简约且有变化。版面运用图形元素，颜色搭配轻松明快。

设计元素相互之间缺乏联系

设计元素布局简单，元素间缺乏联系，不能形成一个整体

颜色与主题不匹配

版面颜色与主题相悖，易造成视觉疲劳，很难引起读者关注

修改前

文字编排简单

文字编排随意，排版方式单一，没有节奏变化

◎ 修改提示

颜色的纯度不宜过高，色相不能脱离要表述的内容，应选择冷色来表现。

度假是轻松愉快的事情，海报颜色不协调会使人产生抵抗心理，应注意颜色带来的心理感受。

修改后

◎ 改后说明

低纯度的浅蓝色很好地衬托了主体图形，同时让读者心情放松。

宣传文字采用横排和竖排结合的方式，有了节奏感。

图形中的人物将设计元素连接起来，增强了整体感。

Tips

在版式设计过程中，想要体现轻松愉悦的氛围，建议多用纯度低和对比度低的颜色。

◎ **举一反三**

选用颜色要顺应人们的审美习惯，如果版面阐述的是轻松的内容，就要以冷色为主，这样元素间才能协调一致。

方法1： 使天空的颜色变浅，背景采用白色，主题文字的背景色和人物的倒影用渐变色强调，让读者的目光集中在"夏日之旅"这一主题上。

方法2： 添加偏暖的黄绿色，能使版面更具异国风情，度假主题更加突出。

6.6 | 如何理解 干净整洁的色彩

色彩干净、整洁的版面符合大多数人的阅读审美要求，无论怎样对版面进行创新，都不应让版面的色彩看起来混乱。清晰地表达设计理念是版式设计的基本要求，干净的色彩组合可以增强可读性。

6.6.1 色彩种类尽量少

版面中的色彩应具有一定的倾向，同时其种类尽量不超过3种，这样的版面看起来比较干净。另外还可以提高主体色彩的饱和度，这样也能让版面看起来比较干净、清新。

C:51, M: 21, Y:13, K:0

C:15, M: 8, Y:41, K:0

C:10, M: 23, Y:11, K:0

C:12, M: 21, Y:25, K:0

C:92, M: 75, Y:19, K:0

C:39, M: 62, Y:96, K:0

C:16, M: 61, Y:26, K:0

C:34, M: 89, Y:88, K:0

6.6.2 色彩明度对比明显

加强版面中色彩的明度对比，让深色更深，亮色更亮，使版面中的色彩更加明快，给人清爽的视觉感受。版面结构尽量简洁，减少不必要的元素，增大负空间的比例，也能达到使色彩清爽干净的效果。

C:82, M:50, Y:20, K:0

C:100, M:68, Y:40, K:0

C:0, M:83, Y:36, K:0

C:63, M: 78, Y:80, K:43

C:99, M: 100, Y:40, K:0

C:46, M:0, Y:0, K:0

C:63, M:22, Y:63, K:0

C:0, M:59, Y:14, K:0

C:16, M: 70, Y:79, K:0

C:100, M: 52, Y:34, K:0

C:13, M:87, Y:25, K:0

C:38, M: 0, Y:29, K:0

C:0, M: 7, Y:16, K:0

C:0, M: 39, Y:49, K:0

C:36, M: 0, Y:9, K:0

C:16, M: 0, Y:69, K:0

案例分析:《国际摄影节》海报设计

◎ **设计目的**

加大国际摄影节宣传力度,吸引更多摄影人士积极参与,普及摄影文化。

◎ **设计要求**

主题鲜明、内容明晰,版面清新时尚,体现举办国际摄影节的目的。

◎ 修改提示

变换背景颜色，使其干净明快。

背景图应线条流畅，富有动感，形成层次感。

主要文字的颜色保持一致，防止颜色混乱。

修改后

◎ 改后说明

明快的蓝色渐变背景弱化了平面感，让颜色不再呆板。

流畅的线条具有动感，不同明度的颜色使画面更具层次感。

文字的反白处理拉开了与背景的距离，显得更清晰。

Tips

想要让传递的信息更清晰，背景的颜色就要干净。

◎ **举一反三**

改变背景颜色可带来不同的色彩体验，形成一系列设计。

方法1： 梦幻般的紫色与主题呼应，使人感受到摄影的多样魅力。

方法2： 热情的橙色使人无比兴奋，可以使人感受到摄影带来的惊喜。

6.7 | 如何利用单色调进行版式设计

　　在版式设计过程中，风格的确定与色彩的选择紧密相关，利用色轮制订配色方案是较简单、有效的方式。如果想让版面的色彩与众不同，可以先选取一种基本颜色，然后根据版面制订一套单色调配色方案。单色调配色法在版式设计中运用得很广泛。

　　单色调设计能够避免版面中设计元素繁杂且颜色混乱的问题，创造统一和谐的视觉效果。在单色调的版面中，视觉主体自然融于单色调系统中，元素间的关联性较强。

C:29,M:23,Y:0,K:0

C:47,M:41,Y:22,K:0

C:23,M:67,Y:77,K:0

C:12,M:69,Y:31,K:0

案例分析: 《保护森林·爱护环境》海报设计

◎ **设计目的**

倡导保护森林、爱护环境。

◎ **设计要求**

运用单色调设计,通过版面元素的层次关系展示保护森林、爱护环境的理念。

标题字体与颜色不合理

标题英文字体与中文字体不协调,颜色运用不合理,缺乏联系

颜色杂乱无章

版面颜色种类过多,彼此冲突,不符合单色调的设计要求

修改前

主体色调没有层次感

主体色调不明确,没有主要颜色和次要颜色,没有层次感

◎ **修改提示**

确定一种基础颜色，使其产生纯度、明度的变化，形成层次关系，赋予版面空间感。
丰富标题内涵，使用稳重大气的标题字体，使标题与版面融为一体。

修改后

◎ **改后说明**

单色调设计需要先确定一种基础颜色，每一种设计元素都要围绕这种颜色来变化。

标题不能脱离整体。

元素既是独立的个体，又要与其他元素形成对比，形成空间关系。

Tips

在单色调的版面中，各设计元素要做到层次分明，才能形成空间感。

◎ **举一反三**

当版面元素相同时，想要设计出不同的效果，可以通过不同的颜色来实现。单色调的视觉冲击力由色相决定，强烈的颜色带给人热烈的感觉，柔和的颜色带给人轻松的感觉。

方法1： 选择代表秋天的颜色，整体呈橘黄色调，使各元素的颜色统一。

方法2： 使用清爽的冷色，带给人清新、健康的感觉。

6.8 | 如何利用双色调进行版式设计

想让版面呈现出简约而精致的效果，除利用单色调进行设计外，还可以利用双色调进行设计。利用双色调设计时，需将其中一种颜色作为强调色，这样两种颜色才能形成强烈的对比，才能增强色彩的视觉感染力。

双色调基本配色方案是基于色轮中特定的颜色关系制订的，有助于形成统一的视觉效果。

C:27, M: 48, Y:65, K:0

C:0, M:0, Y:0, K:0

C:17, M: 32, Y:32, K:0

C:0, M:0, Y:0, K:0

C:70, M:55, Y:74, K:13

C:0, M:0, Y:0, K:0

C:39, M:81, Y:76, K:0

C:0, M:0, Y:0, K:0

强调色分强调有彩色与强调无彩色两种。强调无彩色时，用单色调图片作为背景，可以使版面产生层次感。

C:60, M: 63, Y:25, K:0

C:0, M:0, Y:0, K:0

C:29, M:79, Y:68, K:0

C:0, M:0, Y:0, K:0

C:91, M: 64, Y:51, K:8

C:0, M:0, Y:0, K:0

C:11, M:86, Y:29, K:0

C:0, M:0, Y:0, K:0

不同色相的双色调设计可以通过颜色属性给人带来不同的心理感受。

C:55, M:24, Y:21, K:0

C:0, M:0, Y:0, K:0

C:0, M:60, Y:100, K:0

C:50, M:70, Y:80, K:70

C:89, M:80, Y:44, K:0

C:23, M:0, Y:81, K:0

C:24, M:3, Y:37, K:0

C:55, M:32, Y:40, K:0

案例分析：《盛夏欢乐颂》海报设计

◎ **设计目的**

预告夏季校园活动，鼓励学生积极参与各类团体活动，丰富课余生活。

◎ **设计要求**

限定使用两种色彩进行设计，采用双色调模式丰富版面。运用设计元素表现校园生活的多样性，整体风格符合学生的审美。

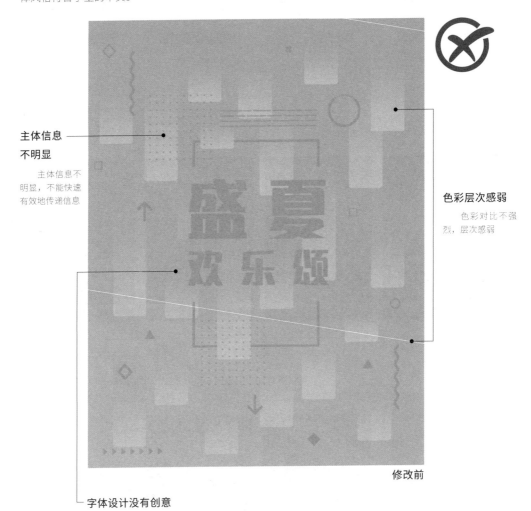

主体信息
不明显

主体信息不
明显，不能快速
有效地传递信息

色彩层次感弱

色彩对比不强
烈，层次感弱

修改前

字体设计没有创意

主体文字的字体比较呆板，缺乏动感，没有青春活力

◎ 修改提示

双色调的对比应强烈一些，该醒目的内容一定要醒目，该弱化的内容一定要弱化，不能混淆不清。

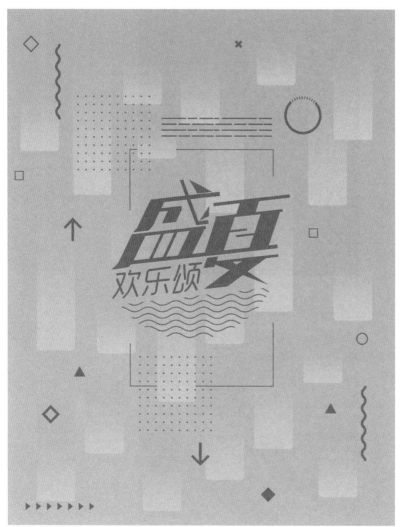

修改后

◎ 改后说明

符合双色调设计要求，两种颜色对比强烈，区别明显。

主体文字采用纯度高的暖色表现，与冷色背景区分开来。

其他设计元素的颜色与主体文字的字体颜色相同，点缀整个版面，起到辅助作用。

Tips

采用双色调设计时，颜色的选择很重要。颜色对比要明显，以突出主题，同时整体版面的色彩应协调统一。

◎ 举一反三

双色调设计中，两种颜色彼此独立又协调统一。主体颜色要鲜明，辅助颜色陪衬主体，设计元素也应围绕主体呈现。

方法1： 改变背景设计元素，同时改变构图方式，使各元素的色彩统一，层次分明。

方法2： 改变背景颜色，辅助元素与主体信息的色彩保持一致，使各元素的色彩统一。

6.9 | 如何使色彩产生高级感

想要让版面的色彩呈现出高级感，需要设计师对色彩的纯度、明度和色相有极致的追求和较强的把握能力。

6.9.1 调整色彩的纯度和明度

想要让版面的色彩呈现出高级感，可以调整色彩的纯度和明度。例如，大部分版面使用纯度和明度较低的颜色，而小部分版面使用纯度和明度较高的颜色。

» 降低各种元素色彩的纯度和明度，用渐变的方式表现其深浅，可以让人感受到纵深感，如下图所示。

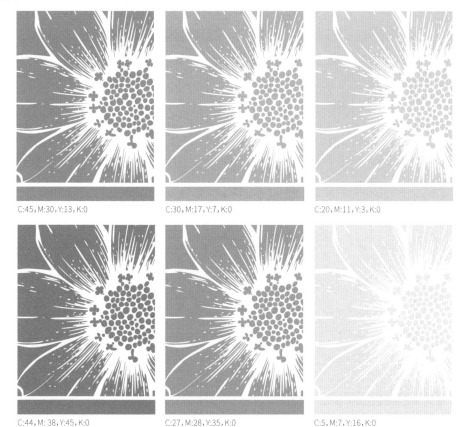

C:45, M:30, Y:13, K:0

C:30, M:17, Y:7, K:0

C:20, M:11, Y:3, K:0

C:44, M:38, Y:45, K:0

C:27, M:28, Y:35, K:0

C:5, M:7, Y:16, K:0

» 调整色彩的纯度和明度，使色彩看起来舒适柔和。下图中的柱子统一为浅蓝灰色调，洁净而肃穆。物体由实到虚，色彩由深至浅，使画面产生了强烈的纵深感。

» 下图中纯度较低的蓝灰色沉稳贵气，黄色的主体信息高贵鲜亮，体现出产品和服务的高品质。

C:61, M:48, Y:39, K:0　　C:47, M:32, Y:22, K:0

C:20, M:12, Y:11, K:0

C:82, M:67, Y:64, K:25　　C:84, M:65, Y:43, K:0

C:26, M:55, Y:74, K:13　　C:6, M:9, Y:40, K:0

» 下图中蓝色的纯度发生了变化，为版面增添了神秘感，令人渴望知道杯中的咖啡到底是什么味道。

C:75, M:58, Y:37, K:0　　C:49, M:33, Y:21, K:0　　C:20, M:12, Y:10, K:0

6.9.2 尝试运用不同的灰色调

以灰色为基调的配色可以让版面呈现出简约而精致的效果。当彩色不能满足高级感创意设计需求时，灰色调的配色方案是不错的选择。灰色调可以让作品更具视觉冲击力，呈现更多的信息。

» 下图中深灰色的产品在光的照射下，质感十足，品质优势表现得淋漓尽致。

C:88,M:84,Y:83,K:73　　　C:77,M:72,Y:68,K:36　　　C:57,M:47,Y:45,K:0

» 下图中略显粗糙的灰色背景，衬托出产品的特性，展现出一种原生态的健康生活理念。

» 下图中物品在灰色调的作用下，表现出金属的坚硬、布料的柔软。

C:82,M:77,Y:77,K:58　　　C:22,M:18,Y:15,K:0

C:78,M:71,Y:66,K:32　　　C:67,M:56,Y:47,K:0

C:32,M:63,Y:71,K:0

C:19,M:13,Y:11,K:0

案例分析：《SPA产品》海报设计

◎ **设计目的**

推广SPA产品，倡导健康的生活理念。

◎ **设计要求**

版面干净，整体色彩简洁。产品布局精巧，与背景形成空间感，视觉舒适度高。

背景颜色灰暗

背景颜色灰暗，与主题"健康"联系不起来

标题颜色不明快

标题颜色较深，令人感觉沉闷，缺少活力

主体不突出

主体色彩缺少层次，且产品布局不规整，没有整体感，不能使读者的目光快速集中到产品上

修改前

◎ **修改提示**

画面背景选取符合主题的颜色，降低纯度、提高明度，使颜色明亮、洁净，充满青春气息。
调整图中产品的大小和位置，让整体布局更统一。
更换字体颜色，使其与背景颜色呼应。

修改后

◎ **改后说明**

去除灰暗的颜色，使用素雅的颜色，提升了整体视觉效果，产品的品质也随之展现。

视觉主体有一定的秩序感，达到了宣传产品的目的。

◎ 举一反三

想要使版面产生层次感，可运用颜色之间的对比来实现。调整颜色的纯度和明度，使色彩不再强烈。

方法1： 降低颜色的纯度和明度，让颜色不张扬，符合宣传主体。

方法2： 灰色调可让版面更显特别，还能体现版面的高级感，同时，产品在干净的背景颜色的衬托下更易被关注。

第7章

信息视觉化
设计的应用

7.1 | 什么是 信息视觉化

在没有文字的远古时期，视觉信息就已在人类的生存活动中出现。信息图始于远古人类绘制的岩画、壁画等，最开始仅仅用于记录事件，后来慢慢发展成信息传递和活动交流的图形语言。

1879年，人们在西班牙的阿尔塔米拉（Altamira）洞窟里发现了巨幅壁画。这些壁画描绘了周边地区的动物和其他资源，可以说就是现在的信息视觉图。

古埃及人用象形文字来记述生活。

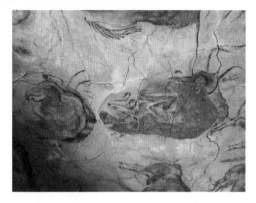 

我国远古时期的岩画同样是人类早期记录信息的主要方式，如贺兰山岩画。用绘制图案的形式传递信息和记录活动，是远古人类对于客观事件的主观表述，也可以说是信息视觉化的起源。

贺兰山岩画

信息视觉化就是收集繁复的数据和信息，并加以编辑梳理，然后将其转化为图形、图表。阅读大量的文字和数据，不仅耗时费力，还可能会产生理解偏差。如果将庞杂的信息通过视觉化的设计来呈现，可以使读者一目了然。这类图形所描述的对象既包括具体的事物，又包括抽象的概念。对于不同的信息，图形设计的方式有所不同。

» 图形在应用的过程中，基本不受语言和地域的限制，易于理解和接受。国际上公共区域所使用的图标图形如下图所示。

» 对信息进行视觉化处理之前，需要将信息与关联的对象结合起来，并进行分类。例如，下图中的石油开采、工业设施、交通工具、生活环境、照明和加油站等按关联顺序进行了归类。

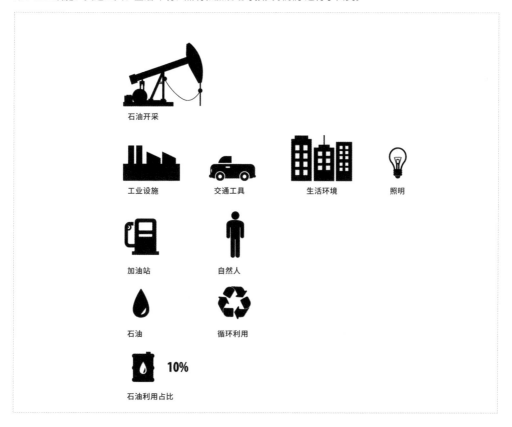

» 对信息进行分类后，再根据主题梳理信息之间的关系，确定信息的前后顺序，为后续设计信息视觉图奠定基础，如下图所示。

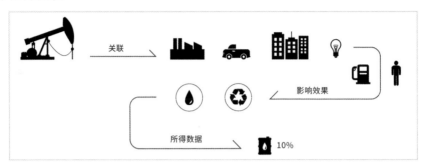

» 信息的有效传递不是简单地通过一个单独的画面就能够做到的。信息视觉化需要将已有的数据和文字转化成具体图形，让人们对图形进行快速识别，加深记忆。下图中通过添加背景和色彩等元素，清晰明了地展示了所要传递的信息。

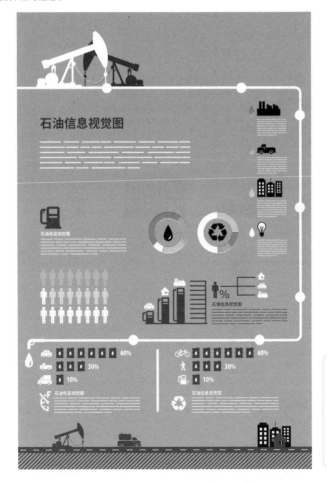

7.2 | 信息视觉图的应用范围

信息视觉化设计打破了图片的单调和文字的枯燥，使图形与文字相结合，简单易读，便于被读者接受，有效强化了信息传递的功能。信息视觉图的应用范围非常广泛，如说明书、宣传资料、企业年报和图书等。

7.2.1 数据信息

好的数据会"说话"，将大量数据信息以视觉化的方式呈现，读者理解起来会更加直观。

» 一般的数据表格采用的是线框形式，数据按一定的规律排列，表述严谨、逻辑清晰，属于文本内容的一部分。但是数据表格阅读起来较枯燥，形式单一，色彩单调，不能引人关注，版面不能产生节奏变化，如下图所示。

» 对数据信息进行视觉化处理，添加色彩和装饰元素，增强趣味性，从而吸引读者的注意力，如下图所示。

维生素	C	E	B3	B6	B2	B1	A	B9	K
含量	4.6mg	0.18mg	0.091mg	0.041mg	0.026mg	0.017mg	3μg	3μg	2.2μg

矿物质	K	P	Ca	Mg	Na	Fe	Zn
含量	107mg	11mg	6mg	5mg	1mg	0.12mg	0.04mg

其他	能量	碳水化合物	脂肪	蛋白质
含量	218KJ	13.81g	0.17g	0.26g

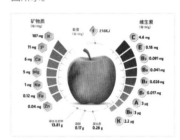

7.2.2 说明信息

说明信息是指指定事物的使用步骤和操作方法等。对说明信息进行视觉化处理，可以让信息被快速理解。

» 下图中将牛肉各部位营养成分的文字表述转换为图形，并划分内容区域，用颜色加以强化，形象且直观。

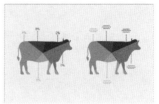

» 下图将颜色的象征意义结合具体的颜色来表现，视觉感瞬间增强，使读者的注意力快速集中，同时加深了读者的记忆。

颜色	绿色	红色	橙色	紫色	蓝色	黑色	灰色	白色
象征	自然 文字标题 具体文字内容	闪电 文字标题 具体文字内容	光明 文字标题 具体文字内容	珍贵 文字标题 具体文字内容	海洋 文字标题 具体文字内容	尊贵 文字标题 具体文字内容	老年 文字标题 具体文字内容	纯洁 文字标题 具体文字内容
	绿叶 文字标题 具体文字内容	激情 文字标题 具体文字内容	增加 文字标题 具体文字内容	智慧 文字标题 具体文字内容	商务 文字标题 具体文字内容	沉稳 文字标题 具体文字内容	时间 文字标题 具体文字内容	干净 文字标题 具体文字内容

颜色象征意义的文字表述

7.2.3 指示信息

指示信息是指辨识某个空间环境，并传递方向、地点和距离等信息。

» 在下图所示的地铁线路中，为保证各条地铁线路的辨识度，选用了不同的颜色来表现，但颜色的饱和度相近。因为高饱和度的视觉内容往往被认为重要性更高。线路图中颜色的饱和度是相近的，这就暗示每条线路的重要性相当。

» 下图所示的楼层功能信息图中，高明度的主体建筑图与低明度的背景建筑图产生了明显的对比。主体建筑不同楼层的颜色不同，每个功能信息置于相应的楼层中，划分清晰，数字醒目，功能信息更容易被阅读。

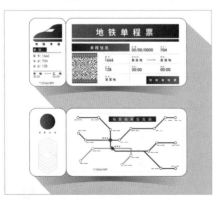 

Tips

对信息进行图形化处理时，要保证图形的简洁、直观，这样才能更有效地传递信息。

7.3 如何做好信息视觉化设计

目前，信息视觉化设计应用非常广泛，这种集图形、色彩、数据和文字于一体的视觉表现形式是现代版式设计的重要组成部分。

» 下图是旅游信息图，文字简明扼要，颜色丰富，以手绘图标辅助展现文字信息，暗示这是一次不平凡的旅程。

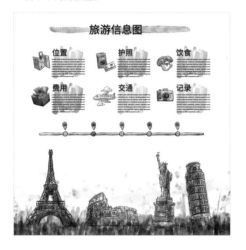

» 下图是营养成分科普知识信息图，食物置于胶囊中，位于视觉中心，使读者很容易联想到健康饮食。

设计师想要做好信息视觉化设计，不仅要具备良好的设计制作能力，还要具备逻辑分析能力和组织规范能力。因为在进行信息视觉化设计时，当筛选出必要信息后，紧接着就要设定位置和路径，组织信息顺序。

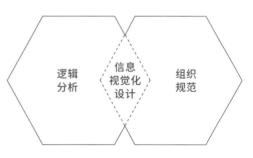

7.3.1 信息的逻辑分析

想要整理出各种信息相互之间的关系和主要设计元素，就需具备逻辑分析能力。设计师在着手设计之前，需要对信息进行审阅和理解，明确信息说明的目的。

一般一段信息都有一个明确的主题，所有内容都围绕这个主题展开。分析提取主要元素至关重要。

主要元素提取出来之后，要分析元素之间的区别，以得到相应的结果。

主要元素是什么？

元素间有什么区别？

从提取出来的元素中找出元素间的共性，统一图形，再进行设计。

元素间的共同点是什么？

在逻辑分析环节对信息进行整理，去除不必要的信息，梳理出重要的信息，再进行归类。

7.3.2 信息的组织规范

信息视觉图醒目才能吸引读者，应在充分分析信息之后，使信息元素遵循一定的阅读规律并以图解的方式进行规范布局。将文本转换为视觉元素时，可使用不同颜色对信息加以区分，以增强可读性。

» 在下图所示公寓租赁信息图中，从查找到入住的整个流程为封闭路径，每一个阶段的信息准确清晰，并辅以图标，使复杂的租房过程变得轻松有趣。

» 在下图所示冰球运动装备信息图中，一个冰球运动员发散式地对应各个冰球运动装备，指示性强。

» 在下图所示自行车零件功能说明图中，各部分采用平铺的方式排列，布局严谨，整齐有序，零散却不凌乱。

信息视觉图有时会具有多个信息块，加大这些信息块的间距，可以使读者在阅读时更轻松。除此之外，还可以使用特殊图形来突出显示短标题，以吸引读者关注。

» 在下图所示正确的洗手步骤说明中，一幅画展示一个动作，运用连环画将洗手步骤串联起来，图解清晰到位，文字简洁明了。

» 在下图所示婚礼费用支出信息图中，各子项目以对称结构分布于主体形象左右。信息图中，粉色为主色调，紧扣婚礼主题，蓝灰色用于表现重要信息，产生了跳跃感。

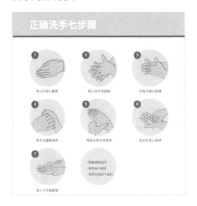 

> **Tips**
>
> 纯粹的文字无法进行直观说明，无法让人留下深刻的印象。信息视觉化设计就是对文字的补充，对信息的有效传递起到了非常重要的作用。

7.4 | 数据 信息图

设计师对数据进行分析，目的是把有用的信息提炼出来，并找出其内在规律。在实际阅读过程中，数据可以让人们快速理解并做出判断。数据的可视化设计就是要使信息更容易被理解，要让图表更好地展示。

冰冷的数据结合有意思的图形，可以拉近与读者之间的距离。信息视觉图能使复杂的问题简单化，将枯燥的数据转化为具有色彩的图形，从而吸引读者的眼球。

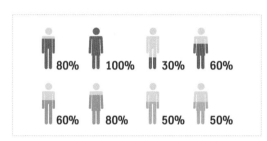

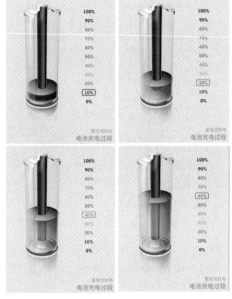

时间轴数据信息图的设计要简约而不简单，运用视觉原理去组织庞大的信息，使其有条理、有组织，然后增加必要的细节，如下图所示。

创意柱状数据信息图使有意思的创意服务于信息本身，通过梳理关键内容，筛选合理的创意，使阅读更轻松。

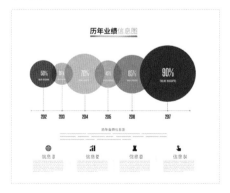

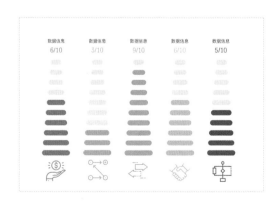

Tips

难以用语言表述清楚的庞杂数据，如果借助数据信息图来说明，效果就会好很多。

7.4.1 数据的整理

数据作为通用语言，具有便于理解、形式多样、适应性强的特性，但纯粹的数字又是枯燥乏味的，需要结合图形来表现。

进行数据整理时，首先要阅读信息资料，然后提取重要信息，接着选取合适的图形来表达并强化数据，以便读者快速读取数据，获得所需的信息。

我们来看某企业的半年销售报告，详细阅读后提取的相关数据如下。

一月销售额:60万元

二月销售额:250万元

三月销售额:370万元

四月销售额:325万元

五月销售额:310万元

六月销售额:340万元

对以上数据进行整理，并根据相同的数据制作不同形式的数据信息图。在这份企业销售报告中，主要信息包括时间（月份）、数据（单位：万元），将不同时间对应的数据整理出来并进行组合，再选取匹配的数据信息图样式进行设计即可。

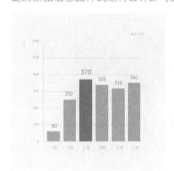
柱状数据信息图

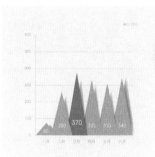
创意柱状数据信息图

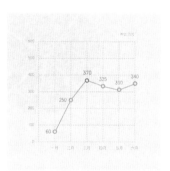
折线数据信息图

7.4.2 数据信息图的表现形式

数据信息图包括饼状数据图、柱状数据图、折线数据图和创意数据图4种表现形式。数据、颜色、图形，甚至文字，都是信息视觉化的表现元素。

◎ 饼状数据图

饼状数据图通过按比例分割圆的面积来传达数据信息。如果按比例进行数据统计，饼状数据图是不错的选择。

» 下图中，将饼状数据图中的数字转换为百分比，这样数据表现得更加直观。

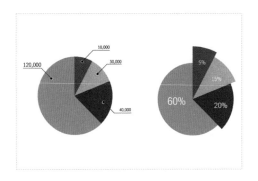

» 下图中，将饼状数据图划分板块，并把详细信息置于板块中，使所要表达的内容更加醒目，如下图所示。

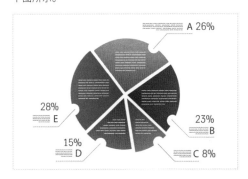

» 使用半个饼状数据图也很有趣。在版面有限的情况下，采用这种形式，反而会引人注意，如下图所示。

» 立体饼状数据图具有三维立体化的特征，颜色和光影的运用使数据图具有立体感，如下图所示。

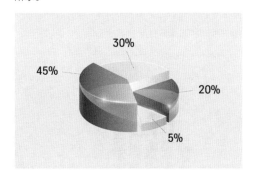

◎ **柱状数据图**

想要进行特定元素之间数据的对比，柱状数据图是不错的选择。一般柱状数据图分为竖式和横式两类，都依托坐标轴展开。

» 右图是用竖式柱状图来表现不同项目指标在不同月份的完成情况的。随着月份的变化，柱状图随之发生变化，其所呈现的项目指标完成情况很清晰。

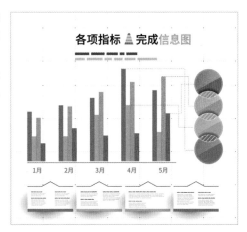

» 下图中的横式柱状数据图相当于把竖式柱状数据图横置。

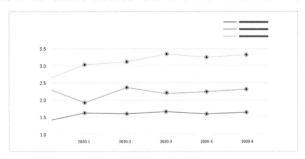

◎ 折线数据图

折线数据图将不同时间点对应的指标位置点用直线连接起来，形成线性轨迹，便于指标之间的比较。

» 下图将不同指标统一在一幅图中，横向的同一指标对比和纵向的不同指标间的关系在图中一目了然。

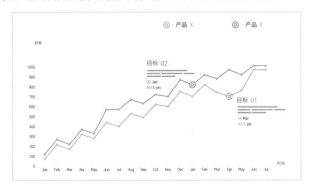

» 下图对比了两种产品的相关信息，数据和文字对目标的说明构成目光的焦点。

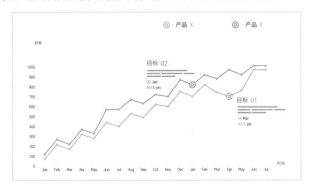

◎ 创意数据图

与众不同的创意图形非常容易受到关注，因为人们愿意主动接受有意思的东西。为提升阅读数据的愉悦感，加深对数据的理解，还可以运用点、线、面、形和色彩等设计元素对数据图形进行再设计，使之更加艺术化。

» 下图是以卡车轮胎印迹为创意点设计的柱状数据图。形象的轮胎印迹直接使人联想到行业属性；用颜色区分轮胎的使用领域，极富视觉冲击力，创意十足。

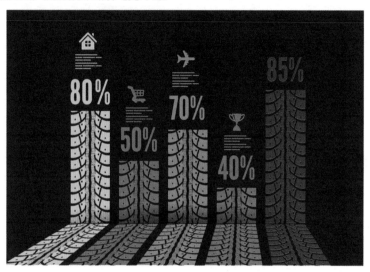

设计创意数据图的首要前提是易识别，不能让读者产生误解。

» 下图是企业成长数据图，图中运用植物在悉心浇灌下茁壮成长的画面，来象征企业不断发展壮大。

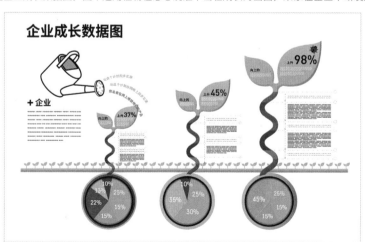

Tips

不论数据信息图运用哪种表现形式，都要求设计师有较强的逻辑分析能力和组织规范能力。

7.5 | 在信息视觉图中如何使用色彩

信息视觉图中的色彩表现对于信息的传递至关重要。为了顺利传递主体信息，需提高色彩的辨识度，使其起到辅助信息传递的作用。好的配色方案还能为读者带来赏心悦目、清新舒爽的阅读体验。

» 可利用颜色的对比和反差强调特定信息。例如，用饱和度高的颜色表示主要的信息，饱和度低的颜色表示次要的信息，如下图所示。

» 根据人的视觉习惯，可将纯度低、明度高的颜色应用于背景或大面积色块中，将纯度高、明度低的颜色应用于目标信息或小面积色块中，如下图所示。

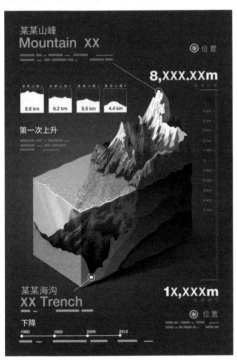

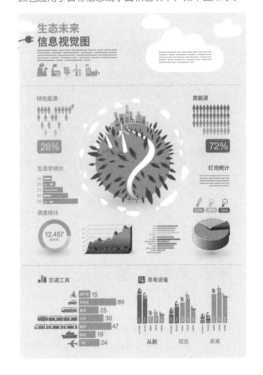

» 右图中使用的颜色较多，导致整体色彩显得混乱，给读者增加了辨别难度和记忆负担。图中大部分颜色的纯度较低，整体布局毫无规律可循，分散了读者的注意力。

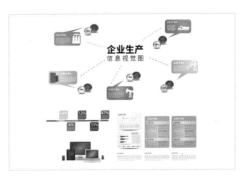

Tips

纯度较低的颜色以及色相接近的颜色不适用于信息视觉图。因为不鲜亮的颜色会导致信息之间的区别不明显，从而造成阅读障碍。

7.5.1 色调与明度

在信息视觉图中，要确保不同图形的色彩易于辨识。一般来说，点、线、面等设计元素在信息视觉图中的使用较为普遍。因此，为了保证信息视觉图的质量，点、线、面的色彩纯度需要高一些，使信息容易被区分和读取。

背景宜采用素净的颜色，这样前景用深一点的颜色会更加突出。

» 下图中信息区域较多，为避免色彩色相过于相近，可以使用冷、暖色搭配。

» 在下图整个蓝色系的信息视觉图中，需要设置不同的明度使图形产生层次关系。蓝色明度的变化使水滴造型更显立体，蓝色弧形虚线作为有力的补充，使整个信息视觉图生动且耐看。

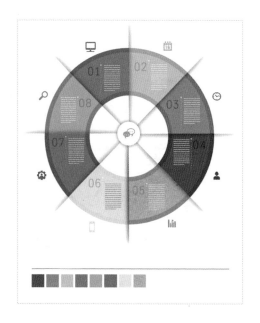

» 信息视觉图承载的信息量越大，使用的色彩往往就越多，必要时可以通过冷暖色的交替出现使色彩的区分更明显，如右图所示。

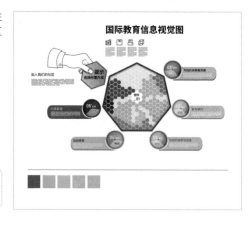

Tips

色彩的明度可以创造出层次关系，明度高的色彩给人向前跳的感觉，明度低的色彩则给人向后退的感觉。

在信息视觉图中设置色彩明度差异时，需要从整体考虑，每一个部分的色彩都很重要。恰当的色调变化能使读者对色彩的感知更加舒适。

» 色彩平淡、对比度低、层次不清晰的信息视觉图会很容易导致信息的遗漏，从而失去诠释文字的意义，如下图所示。

» 增加色彩可以使人物和主要信息更突出。调整背景色的纯度，可以表现出各元素间的层次关系。例如，下图中的蓝色和橙色的信息与其他信息的颜色形成了反差，跳跃感明显，因此能迅速被读者读取。

> **Tips**
> 虽然有的单色系设计很漂亮，但是整体信息表现趋于雷同，会让读者产生阅读障碍。

7.5.2 自然的色彩搭配

从色彩学的角度来看，越能反映信息内容本身的颜色，就越容易被理解接受。因为人类已经对不同的颜色形成了相对稳定的心理感受，例如红色如炽热的太阳让人感觉温暖热情，蓝色如深邃的大海让人感觉舒缓沉静。

按照色彩感知规律，人类的目光首先会捕捉到最亮的颜色，然后过渡到较暗的颜色。例如在日落时分，暖黄色的阳光向深紫色的天际发散。此时，目光由暖黄色过渡到深紫色，而不是由深紫色过渡到暖黄色。再如，清晨的阳光透过林木间隙投射到森林深处，目光同样也是先感知到最亮的颜色。

黄昏的色彩变化　　　　　　　　　　　　　　　清晨林间的色彩变化

　　由于习惯了自然光线中的色彩变化，所以当我们在信息视觉图中看到类似的配色时，不会有违和感。

　　设计师在使用渐变色时，不要只选择一种颜色进行配色，而要选择多种颜色。这样既能让信息视觉图的色彩更为自然，又保证了色彩明度的差异。

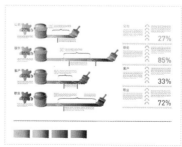

» 在下图中，树木和草地的绿色、海水和天空的蓝色都是现实景物本来的色彩。此外，辅以文字叙述的图标也起到了很好的信息传递作用，让读者的记忆更加深刻。

尽管配色方案多种多样，但并不是所有配色方案都适用于信息视觉图。合理的配色方案应通过色调与明度的变化，使读者快速获取有价值的信息。

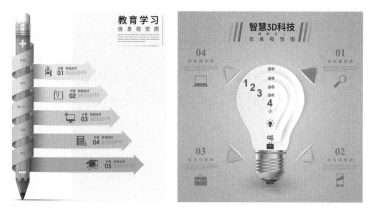

Tips

无论什么形式的色彩组合都要服务于内容。

7.6 | 信息视觉图的应用

　　视觉感受左右着信息交流，信息视觉图作为传递各类信息的主流载体，其设计风格决定着信息能否被读者所接受。设计师在设计信息视觉图时，不仅要满足人们的视觉审美要求，还要通过版面展现信息视觉图的独特魅力，从而达到有效传递信息的目的。

» 下面两张图对相同内容做了不同布局。左图的设计整齐划一，规矩严谨；右图的设计灵活多变，节奏感强。两张图带给读者不一样的视觉感受。

» 下图中配有颜色的箭头指明了阅读顺序，从起点到终点，各条信息井然有序地排列着。信息表述清晰，又具有形式美。

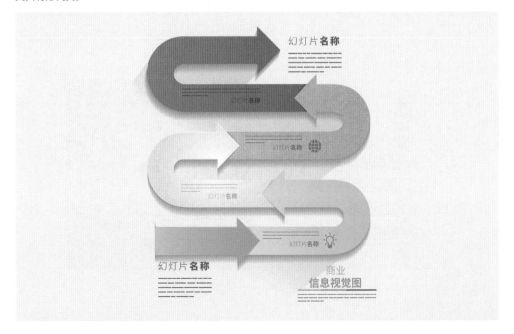

7.6.1 信息视觉图应符合版式设计风格

信息视觉图是文字信息的形象化补充，虽然其表现形式独立于版式设计，但又与版式设计相关联，属于版面内容的重要组成部分。信息视觉图相较于纯文字表述，具有直观性、易读性，这就需要设计师在设计信息视觉图时提取有用的信息并精准传递。

信息视觉图要与版面色调统一。其中，数据图表要置于文字表述区域，与标题融为一体，以便读者根据文字查找对应的数据图表。

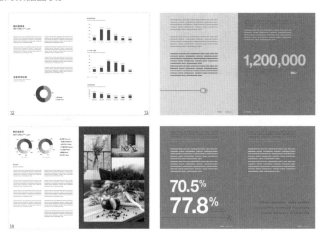

7.6.2 信息视觉图作为版式设计主体

版式设计需要迅速吸引读者，使其目光随着视觉元素移动。信息视觉图在版式设计中占据大幅版面，更容易吸引读者的注意。

» 下面的跨页信息视觉图通过大面积留白平衡了版面的布局，有利于集中读者的注意力。因此，设计师在设计信息视觉图时，不应只在乎形式，还需要注重信息传递的有效性。

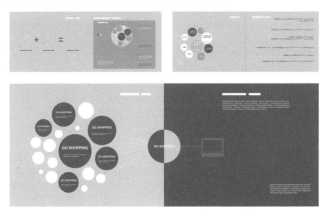

» 在对数据表现形式进行夸张处理时，文字与背景的亮度对比要明显。例如，在低亮度的背景上呈现高亮度的文字，或在高亮度背景上呈现低亮度文字，如下图所示。

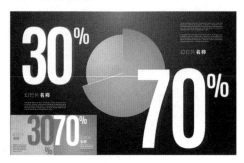

» 如果信息视觉图缺少变化，可结合一些外在元素，使它们产生一定的联系。这种联系不会干扰信息的正常表达，反而会使信息视觉图更具表现力，如下图所示。

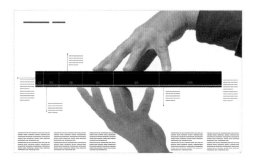

» 不同的颜色可以传递不同的内涵和意义。在设计企业宣传信息视觉图时，可使用企业产品色，以展现其独特的品牌形象，如下图所示。

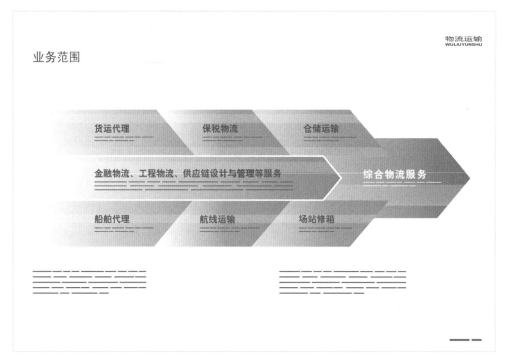

Tips

信息视觉图不仅是对版式设计的补充，还是独立存在的版面视觉语言，是版式设计发展的视觉表现形式。要做好信息视觉图设计，要求设计师对图形和数字有较强的设计表现力。